U0140007

昆蟲之美

微觀視覺大百科

CYRILLE HUREL 西里爾・于列爾◎著

李鍾旻、林大利◎審定（依姓名筆劃排序）　賈翊君◎譯

作者 西里爾・于列爾（Cyrille Hurel）

投身教育領域逾 25年的小學教師。
對植物學與昆蟲學懷抱無比的熱忱。
於 2017年創立自己的平面設計工作室「KYRILLØS」，
將科學的嚴謹與藝術的靈感完美融合。
以色鉛筆和石墨描繪細膩而精準的插圖，
充滿生動且耐人尋味的細節之美。

更多關於作者的詳細介紹在這裡：https://cyrillehurel.wixsite.com/kyrillos/bio

審定（依姓名筆劃排列）

李鍾旻

國立中興大學昆蟲學系碩士，現為雨林學校講師、台灣蝴蝶保育學會解說員。
目前著有 2本書，在國內青少年雜誌刊物上發表過 200篇以上科普文字作品。

林大利 Da-Li Lin

生物多樣性研究所副研究員、澳洲昆士蘭大學生物科學系博士
在漫畫堆長大、出門總是帶書、會對地圖發呆、算清楚看過幾種小鳥。
是龜毛的讀者，認為龜毛是探索世界的美德。

譯者 賈翊君

喜愛美食與電影的法文自由譯者，
法文本科生，
曾經懷抱電影夢去法國讀電影學校。

小野人 66

昆蟲之美

作者　西里爾・于列爾（Cyrille Hurel）
審定　李鍾旻、林大利
譯者　賈翊君
社長　張瑩瑩
總編輯　蔡麗真
美術編輯　林佩樺
封面設計　周家瑤
校對　林昌榮

責任編輯　莊麗娜
行銷企畫經理　林麗紅
行銷企畫　李映柔
出版　野人文化股份有限公司
發行　遠足文化事業股份有限公司（讀書共和國出版平台）
地址：231 新北市新店區民權路 108-2 號 9 樓
電話：（02）2218-1417
傳真：（02）8667-1065
電子信箱：service@bookrep.com.tw
網址：www.bookrep.com.tw
郵撥帳號：19504465 遠足文化事業股份有限公司
客服專線：0800-221-029
特別聲明：有關本書的言論內容，不代表本公司／出版集團之立場與意見，文責由作者自行承擔。

印務　江域平、黃禮賢
法律顧問　華洋法律事務所　蘇文生律師
印製　凱林彩色印刷股份有限公司
初版　2025 年 02 月 05 日

歡迎團體訂購，另有優惠，請洽業務部
（02）22181417 分機 1124

First published in France under the title: Insectes. Le grand livre du minuscule
Cyrille Hurel ©Delachaux et Niestlé, Paris, 2024

978-626-7555-33-0（精裝）
978-626-7555-31-6（EPUB）
978-626-7555-32-3（PDF）

國家圖書館出版品預行編目（CIP）資料

昆蟲之美 / 西里爾・于列爾（Cyrille Hurel）著　-- 初版 .-- 新北市：野人文化股份有限公司出版：遠足文化事業股份有限公司發行 , 2025.02　68 面；26×34 公分 .--（小野人 ; 66）
ISBN 978-626-7555-33-0（精裝）　1.CST：昆蟲　2.CST：通俗作品
387.7　113018476

目錄
CONTENTS

獻給我的孩子：露西．皮耶，與艾蓮諾

推薦序

PREFACE

作為一名教師，西里爾．于列爾（Cyrille Hurel）深知，知識的傳遞只有在分享中才具有意義，而這本書則完美地體現這一點。對於這位天性熱愛自然的博物學家而言，住在奧布拉克（Aubrac）地區是一種得天獨厚，這片充滿傳奇的土地曾經深受法國著名昆蟲學家尚 - 亨利．卡西米爾．法布爾（J-H. Fabre，1823 ～ 1915）的喜愛，他的名氣甚至遠達日本。而這片尚未過度開發的土地，依然保育得當，並能夠為各位奉上大自然最美好的事物。而我們只需要勇於貢獻出自己一丁點的時間，同時設法做到用心觀察而不只是走馬看花，去聆聽而不僅是聽見，就可以得到這一切。

這本繪圖精美細緻的《昆蟲之美》，主要的目標讀者是小朋友（但可不是只有小朋友可以看！）。這本書會讓讀者們發現一個寬廣遼闊的迷人世界，因為這個世界具有豐富的形體、色彩，甚至還有奇妙的行為讓人著迷。逐頁讀下去，會看到許多的「這是什麼」與「為什麼會這樣」都有探討並解釋得簡單明瞭。這本書也是把這些簡樸、短暫的生命放在聚光燈下的機會，因為這些生命也與我們的生活息息相關，儘管我們並不常意識到牠們的存在與重要性。

昆蟲往往背負著惡名，而且鮮少得到人們的青睞，除了幾個例外，像是非常具有象徵意義又迷人的瓢蟲、蜜蜂、蟋蟀、蝴蝶和其他一些昆蟲……無論牠們嗡嗡作響、嘰嘰喳喳、發出轟轟鳴聲或是完全不受到絲毫注意，牠們都具有存在的理由，並為我們環境的正常運作有所貢獻，也確保環境的和諧與平衡。昆蟲的能力，以及更廣泛整個動物世界的可能性，至今仍然啟發激勵著人類——各種不同的發明，還有仿生學都足以證明。

這本書主要的意義是一個邀約，邀請我們去發現大自然，進一步地認識大自然，帶領我們尊重所有構成大自然並賦予其生命的一切。西里爾．于列爾擁有作為擺渡人的天賦和優點，知道如何打開我們的視野，然後引領我們超越表象、偏見與先入為主的觀念。這裡提出的難題是「激發興趣」，而他已出色的挑戰成功！

謝謝西里爾帶給我們這部美麗的著作，同時也要感謝本書所代表的自然科學與專業上所下的工夫。

安德烈．勒凱（André LEQUET）
南特大學退休研究員
法蘭西西部科學會會員昆蟲學網站「安德烈．勒凱的昆蟲學網頁
（Les pages entomologiques d'André LEQUET）」作者
昆蟲與環境協會（OPIE）眾多出版品的作者

作者序

AUTHOR'S PREFACE

觀察昆蟲，就是一種改變維度，並且進入一個微小宇宙中旅行的奇幻體驗。這些往往不為我們所見的「小獸」，卻是我們生活的一部分，如果我們花時間對牠們產生興趣，保證可以獲得非凡的發現並且經歷超現實的場景。在面對毛毛蟲蛻變成蝴蝶、某些昆蟲的擬態、一隻蜻蜓或是一隻蜜蜂翅膀的機械結構，或者是某一部分植物世界繁殖時與某些授粉昆蟲所建立的默契時，我們怎麼能夠不感到驚訝？

在一切瞬息萬變、被源源不絕的資訊所淹沒的社會裡，能夠停下片刻就是一種成就！然而對更具冒險精神的人來說，屈膝跪下，甚至躺在地面上，已經是一種熱情洋溢的體驗。這麼做可以愉快地發現，我們能從比我們渺小的事物上學到很多東西。

這本書只有一個目的，是向願意花時間探索這個世界的人敞開大門。離各位咫尺之處，無論是街角還是你家的花園裡，就有熱烈、令人驚訝，有時候甚至還充滿魔幻的片刻在等待著你。只要對昆蟲感興趣，就是很簡單地接受了邀約，去體驗這些獨一無二的片刻。

我希望各位在閱讀本書時，能夠得到像我在書寫這些文字和描繪這些插畫時一樣的樂趣。

祝各位旅途愉快！

昆蟲：小型無脊椎動物，具有還算堅固的外殼，由三個部分組成（頭部、胸部、腹部），三對分節的足、一對觸角，多數種類具有翅，有時可以將翅隱藏。

昆蟲「insect」
這個字來自於拉丁文的
「*insectum*」，
意思是「分成幾個部分」。

鞘翅目

創紀錄之王

金龜子、瓢蟲、鍬形蟲……

擁有不只一項冠軍頭銜的鞘翅目

在所有已知屬於昆蟲的「目」當中，鞘翅目是物種數的最大贏家。目前已知有四十萬種，其中兩萬種生活在歐洲（台灣目前已知的鞘翅目昆蟲約有7,700 種）。在所有的昆蟲當中，四分之一的物種屬於鞘翅目！

無論體長小於 0.5 公釐的物種穆微瘦甲（*Scydosella musawasensis*）還是體長達 16 公分的巨大物種泰坦大天牛（*Titanus giganteus*），在整個地球的陸地上幾乎都找得到甲蟲的蹤影。牠們知道如何適應不同的環境，有時甚至連極端環境 * 都有辦法生存。例如：龍蝨便演化出像槳的足，才可以在水中游得更好。另外像是糞金龜，就有形狀像鏟子般的脛節，可以挖掘超過 1.5 公尺長的坑道！

其他的例子有：虎甲蟲細長的足，讓牠們得以迅速移動追擊獵物。

因此，我們可說鞘翅目昆蟲是適應能力的冠軍，這也是為何鞘翅目昆蟲如此普遍的原因。

全書「*」標註為名詞解釋，請參閱第 58 頁。

雄性還是雌性？

某些鞘翅目昆蟲是孤雌生殖。牠們只有單一性別，沒有雄性或雌性的區分。為了繁衍後代，胚胎在沒有受精的情況下發育，稱為孤雌生殖。另一方面，在某些能區分雄性和雌性的物種中，可能會發現形態上的巨大差異（雌雄二型性 *），例如歐洲深山鍬形蟲（*Lucanus cervus* L.），雄蟲的大顎特別大。而歐洲燈螢的雌蟲沒有翅膀。

也可以使用顏色來斷定性別（性別二色性），像是歐洲藍金龜（*Hoplia coerulea* D.），牠們的雌蟲呈棕色，而雄蟲具有引人注目的耀眼金屬藍色。

歐洲葉鐵甲金花蟲
Hispa atra L.

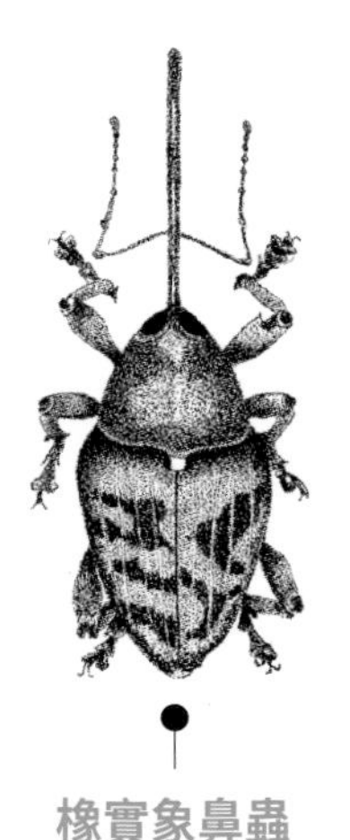

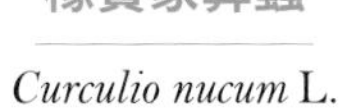

橡實象鼻蟲
Curculio nucum L.

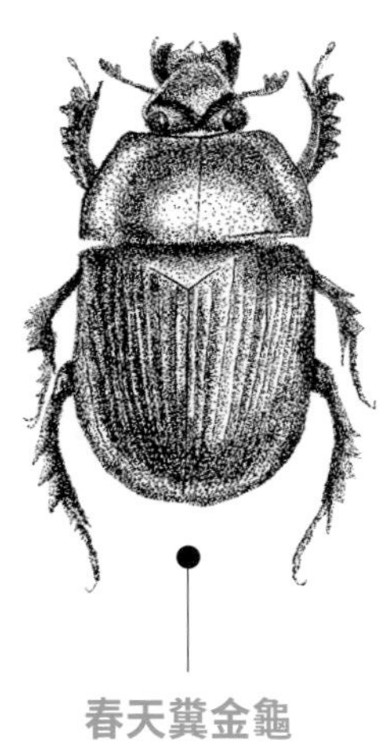

春天糞金龜
Geotrupes stercorarius L.

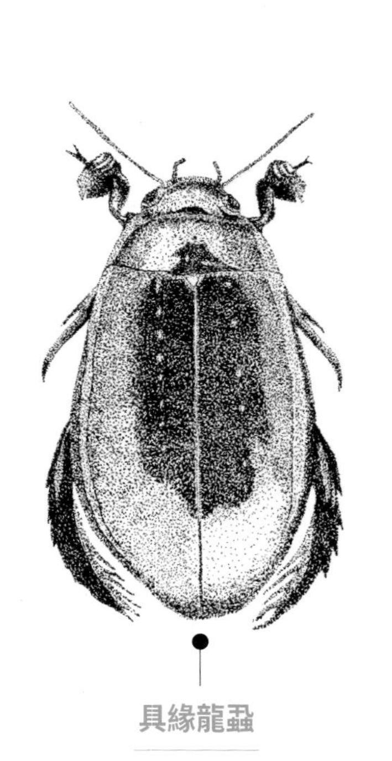

具緣龍蝨
Dytiscus marginalis L.

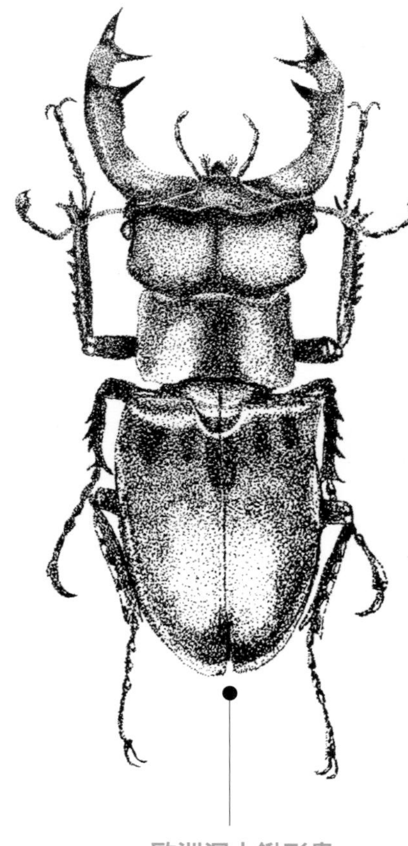

歐洲深山鍬形蟲
Lucanus cervus L.

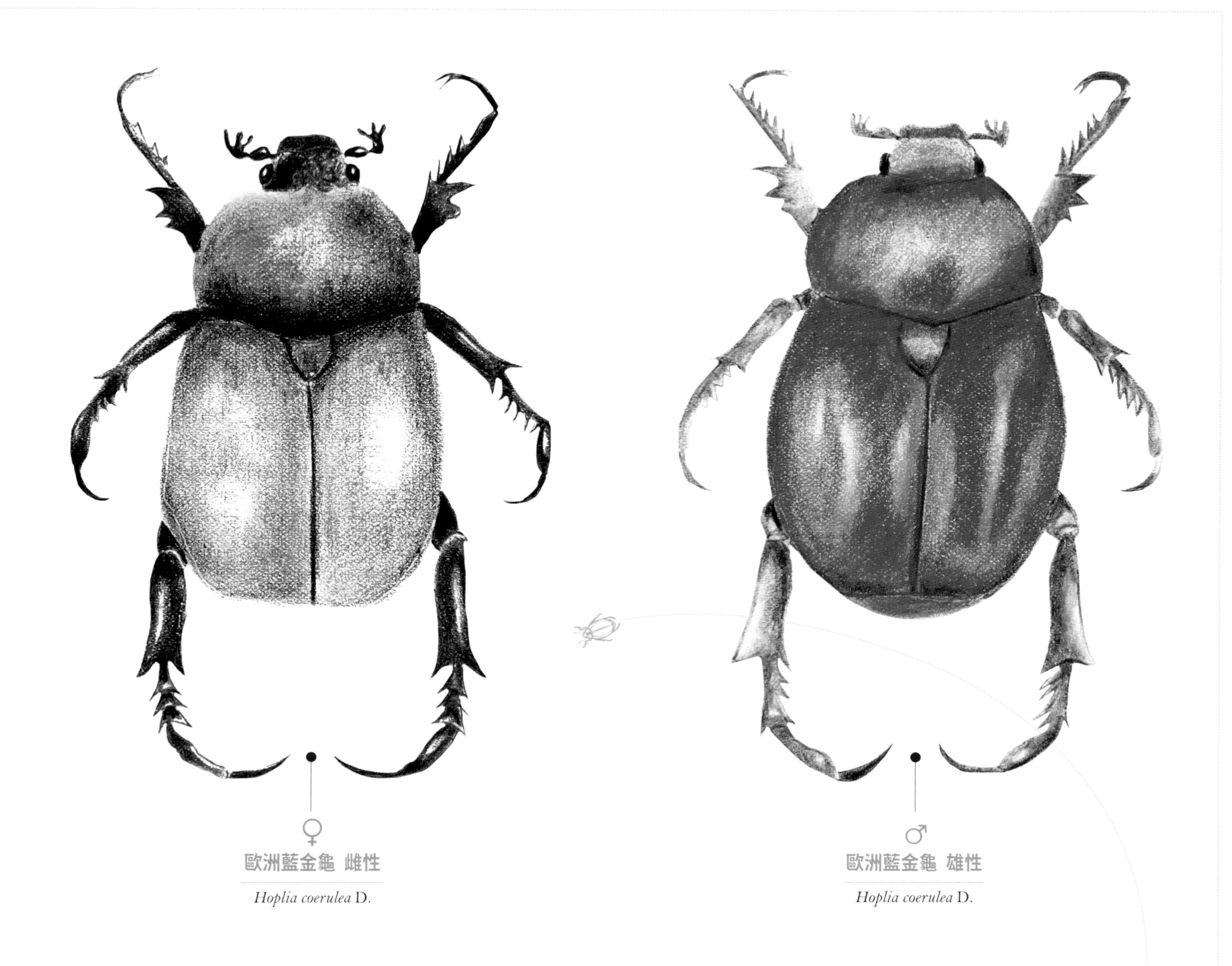

♀
歐洲藍金龜 雌性
Hoplia coerulea D.

♂
歐洲藍金龜 雄性
Hoplia coerulea D.

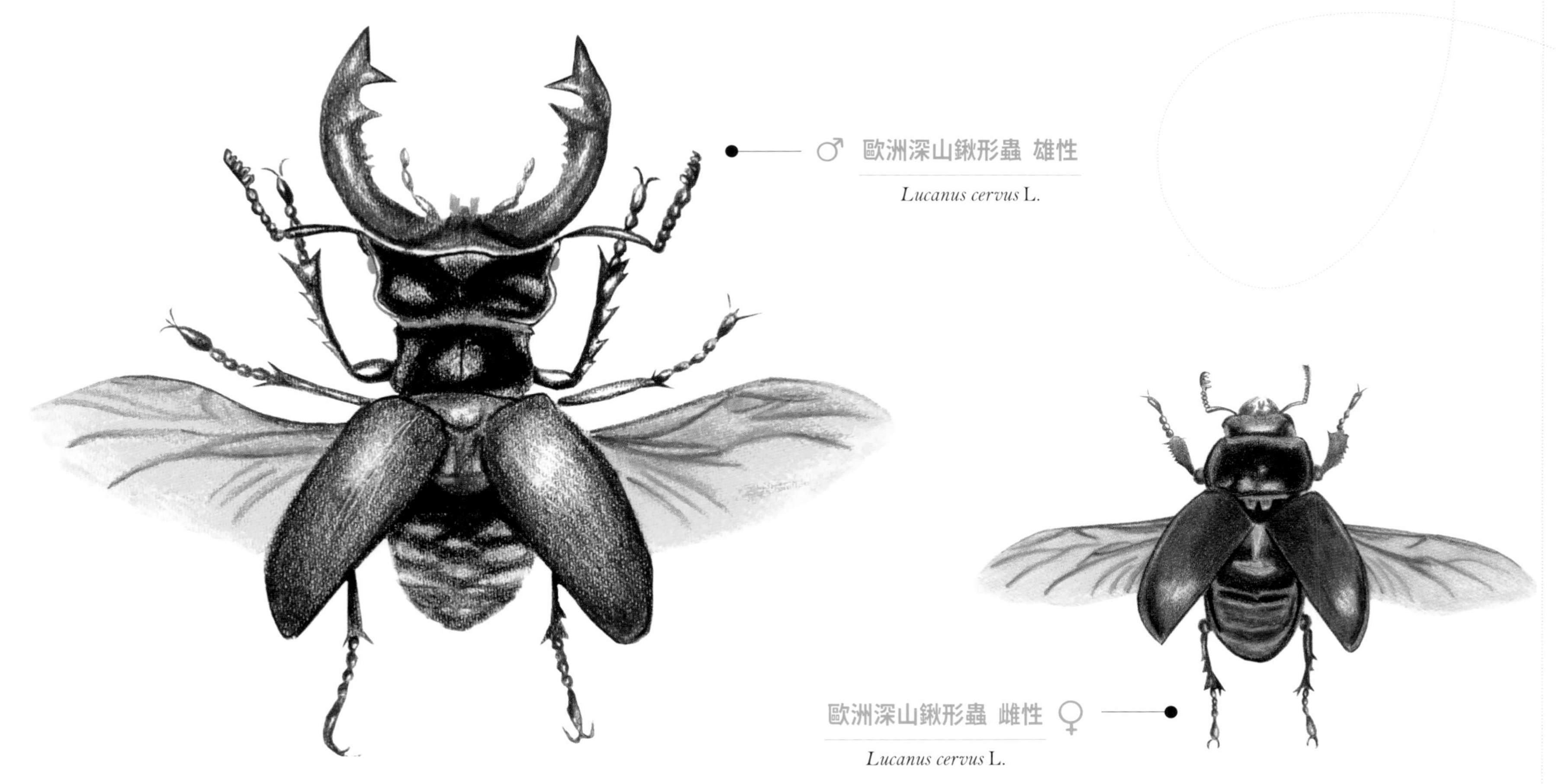

♂ 歐洲深山鍬形蟲 雄性
Lucanus cervus L.

歐洲深山鍬形蟲 雌性 ♀
Lucanus cervus L.

你剛剛說「鞘翅目」嗎？

我們必須參考希臘文，才能理解這個字的意思。

「鞘翅目」這個字源自於古希臘語中 κοῖλος（Koleos）意思是「鞘」，以及 πτερόν（Pteron）意思是「翅膀」這二個字所組成。牠們的其中一對翅膀在演化過程中變硬，形成翅鞘 *，如同真正的盔甲，在休息時保護著仔細摺疊於其下的後翅，宛如一件精巧的折紙作品。

起飛時，牠們會展開翅鞘，並且利用折疊方式自動展開後翅。在昆蟲中，只有鞘翅目昆蟲具有這種特性。我們在鞘翅目昆蟲身上還可以注意到其他的獨特之處，以金花金龜為例，多虧了位於側邊的凹槽 *，飛行時保持鞘翅閉合；又或以步行蟲為例，部分種類無法飛行，因為翅膀已經完全退化 *。

金花金龜

Cetonia aurata L.

「完全變態」……那到底是什麼意思？

這個專有名詞背後，隱藏著一個非常簡單，但對於自然愛好者來說依然是令人驚嘆的現象。像鞘翅目昆蟲這樣的完全變態昆蟲，在牠們的生命過程中會經歷一項巨大的變化，成蟲與幼蟲 * 的樣貌截然不同。

卵（圖 1）孵化後，便是幼蟲階段，幼蟲的身體柔軟而彈性十足（圖 2）。幼蟲會經歷若干個齡期，一般來說，這段時間可能約數星期，也可能持續好幾年（比如說一些金龜子的幼蟲期便可達三年）。當幼蟲發育已達成熟，接著會進入一動也不動、不進食的「蛹」期（圖 3）。許多金龜子在化蛹前，會運用泥土、木屑或糞便的混合物做成一道硬質的土繭，以保護蛹體不會受其他生物的侵擾。也許來年的春天，蛹便會轉變為成蟲（圖 4），不過對某些種類的甲蟲而言，這個過程會花上好幾年！

歐洲鰓金龜的發育

Melolontha melolontha L.

圖 1. 卵　圖 2. 若蟲　圖 3. 蛹　圖 4. 成蟲

圖 1. 卵

圖 2. 幼蟲

圖 3. 蛹

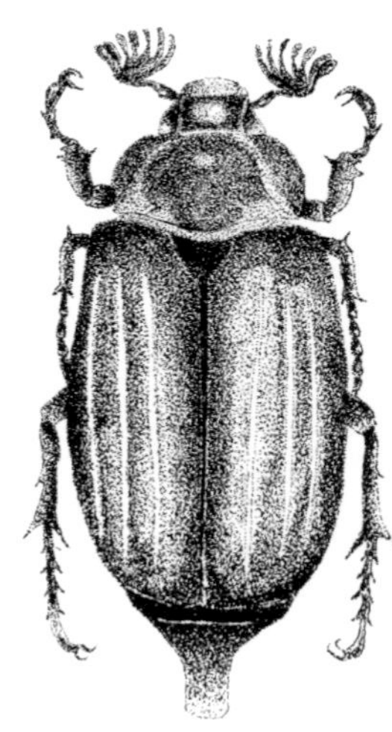

圖 4. 成蟲

滲透高手……

某些甲蟲是滲透大師，因為牠們很會吃霸王餐。粗角步行蟲（*Paussus favieri* F.）就毫不遲疑的把自己當成是大頭家蟻（*Pheidole pallidula* N.）巢穴裡的大王，大搖大擺的向螞蟻索取食物。牠是如何實現這項壯舉的呢？原來，牠會模仿蟻后的氣味，不過啊，身為極致的完美主義分子，同時也為了確保身分不會被揭穿，牠還精通螞蟻的聲音信號，這相當於螞蟻的語言。身為千真萬確的多語言使用者，牠能流利地說蟻后、工蟻還有兵蟻的語言！拜這個策略之賜，才有辦法讓自己周圍的資源不虞匱乏。只要牠喜歡，甚至還可以品嚐任何從牠面前經過的螞蟻。

粗角步行蟲
滲透到大頭家蟻的
蟻穴中

我們在歐洲地芫青（*Meloe proscarabaeus* L.）身上也可以看到這個現象，牠為了確保自己的後代能順利成長，會生下一種有三隻鉤爪的「三爪幼蟲」，能夠牢牢抓住在正在覓食的獨居蜂（最常見的是「條蜂（*Anthophora* L.）」或「地蜂（*Andrena* F.）」）的腿上。這隻蜂會帶著三爪幼蟲回到自己的巢穴，三爪幼蟲會先吃掉巢中的蜂卵，然後再吃掉儲存的花粉漿 *。這頓大餐能夠讓幼蟲蛻兩次皮，然後才離開這間「全包式飯店」，變成成蟲 *。

歐洲地芫青
Meloe proscarabaeu L.

三爪幼蟲利用
條蜂把牠帶到
蜂巢中

世界速度冠軍

在鞘翅目昆蟲家族中，歐洲綠虎甲蟲（*Cicindela campestris* L.）絕對是可以叫得出名號的超級運動員。

牠一秒鐘可以跑出體長 120 倍距離的「超能力」，也就是說，大約是秒速 240 公分！如果放大成人類的比例，相當於移動時速超過 700 公里的速度！這一點讓牠成為世界上速度最快的鞘翅目昆蟲。我們比較一下：牙買加的田徑運動員尤塞恩・博爾特（Usain Bolt）於 2009 年在柏林所創下一百公尺短跑的世界紀錄是 9.58 秒，換算成時速為 37.58 公里，相較虎甲蟲的紀錄可差得遠了！歐洲綠虎甲蟲也是出色的掠食者 *，當牠張開尖銳的大顎撲向獵物，獵物往往措手不及。

歐洲綠虎甲蟲

Cicindela campestris L.

花園裡的恐怖分子

儘管金黃步行蟲（*Carabus auratus* L.）不會飛，但牠移動的方式也活像個電火球。有牠在，所有會動的東西都會成為牠的食物：蝸牛、蛞蝓、蚜蟲、蘋果蠹蛾……都難以倖免。所以說古人給牠取了「園丁」或是「士官」的綽號十分恰如其分。作為一種夜行性 * 甲蟲，金黃步行蟲會在夜幕低垂的時候獵食，但絕不會超過巢穴一百公尺遠的範圍。在白天，牠通常藏身於樹籬、石頭下方或是枯枝堆裡。

金黃步行蟲是園丁不可或缺的好幫手，吸引牠到來對於維護花園有極大助益。為了做到這一點，園丁可以種植一些田間樹籬或是沙鈴花，因為金黃步行蟲會在其中找到食物與棲身之所。作為花園裡貨真價實的恐怖分子，金黃步行蟲絕對是自家果園或菜園裡的最佳盟友。

螢火蟲：一場閃耀的愛情……

鞘翅目昆蟲是物種數最多的昆蟲類群，並不是沒有理由。牠們在演化過程中發展出各種特殊能力，尤其是繁殖方面。

歐洲燈螢就是一個非常好的例子。雌蟲為了吸引雄性，會產生一種化學物質「螢光素」來發光。

歐洲燈螢只有雄性會飛。整個夏天，牠都會在空中觀察周遭的區域，尋找雌蟲發出的光。正是靠著這一招，幫助牠們找到伴侶，並延續物種的繁衍。交配的過程可以持續一整晚，甚至延續到清晨。

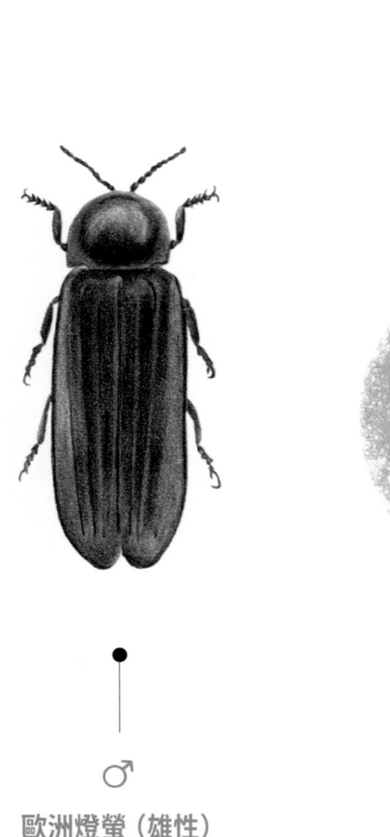

♂
歐洲燈螢（雄性）
Lampyris noctiluca L.

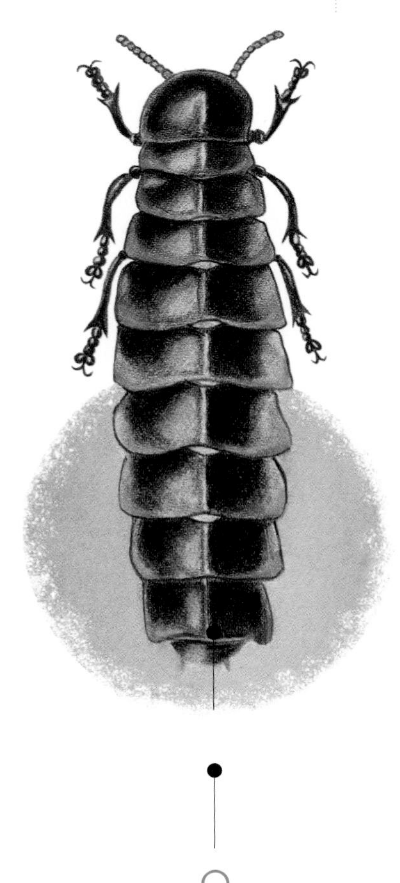

♀
歐洲燈螢（雌性）
Lampyris noctiluca L.

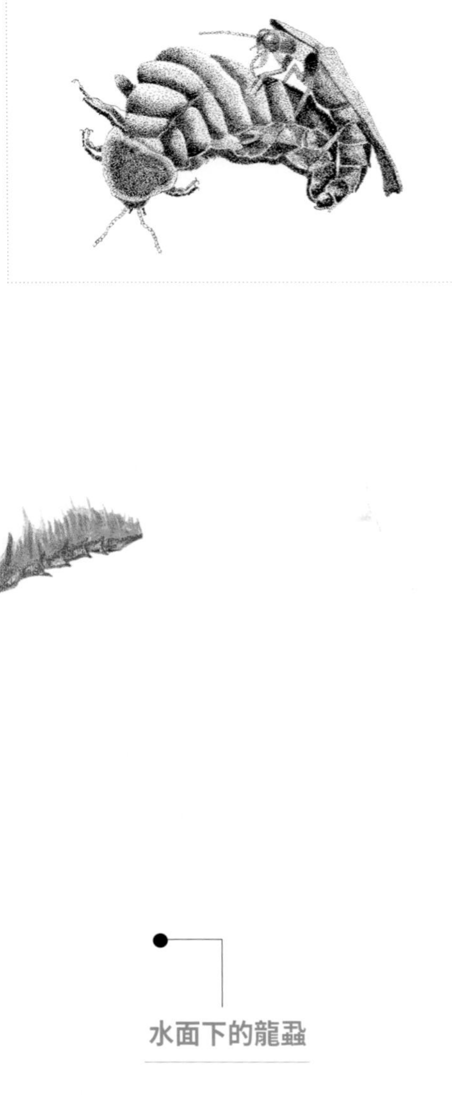

歐洲燈螢的交配

水面下的龍蝨

龍蝨：「潛水的鞘翅目昆蟲」

鞘翅目昆蟲在空中、在陸地上都很自在，可是如果是在水面下會怎麼樣？這裡又一次讓我們清楚看到牠們如何發展出各種不同的策略在這個環境中建立族群，並且變成蝌蚪、幼蟲、小魚，還有其他水生生物最害怕掠食者。

龍蝨讓自己成為這種水下生活的代表。在針對這類鞘翅目昆蟲的研究中，看到牠們如何在植被茂盛的水域中（像是水窪、池塘和沼澤）輕鬆活動，是一件相當有趣的事。牠們呈流線形像彈丸狀的軀體，是為了游泳所打造出來的，後足經過特殊演化長出許多剛毛，當這類昆蟲把腿伸展出去時，剛毛就會張開，讓後足轉變成實實在在的槳。

此外，牠們還能夠長時間待在水面下，把「屁股」朝水面上伸出去，好用牠們的鞘翅捕捉大量的空氣。為了增加自己在水下活動的自主性，牠們在潛水時，腹部末端會掛著一顆氣泡，作為額外的氧氣儲備，這對牠們來說非常實用。

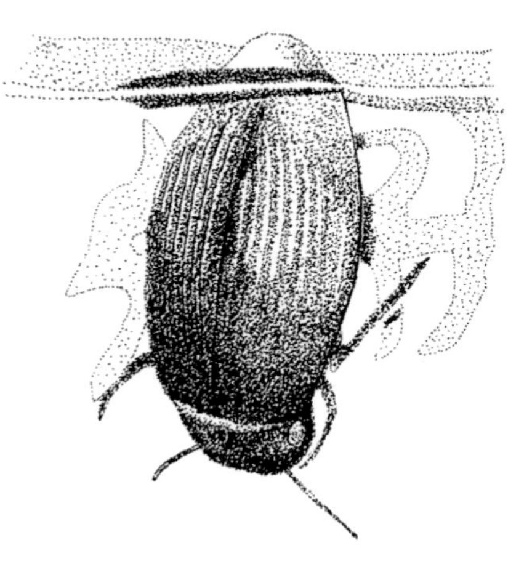

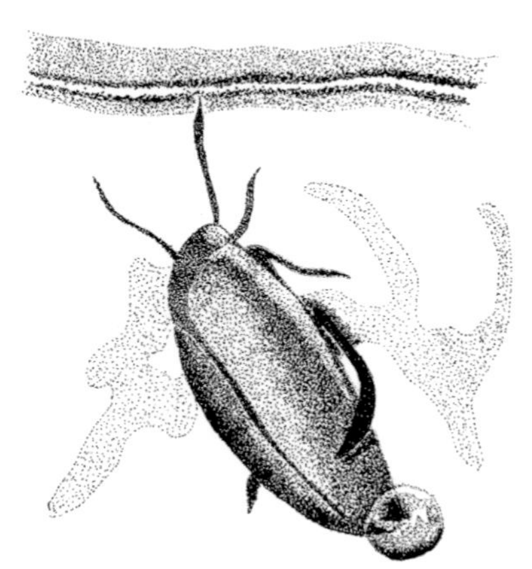

龍蝨的呼吸方式
Dytiscus marginalis L.

七星瓢蟲

Coccinella septempunctata L.

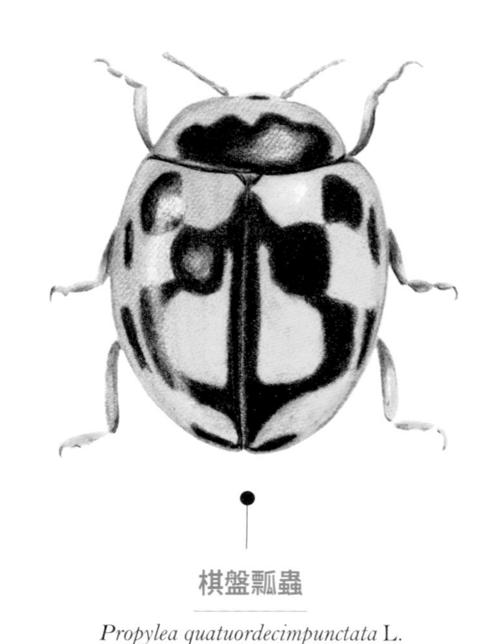

棋盤瓢蟲

Propylea quatuordecimpunctata L.

眼斑瓢蟲

Anatis ocellata L.

瓢蟲，聖母蟲，神之蟲……

有個常見的迷思：瓢蟲身上的斑點是否會隨著年齡增加呢？實際上瓢蟲翅鞘 * 上的斑點與年齡毫無關係，反而在辨識種類上扮演關鍵角色。除了少數特例，同一種瓢蟲的不同個體間，身上的花紋或斑點大多是一致的。

瓢蟲又稱為「神之蟲」，這個名號源自於一個可以追溯到十世紀的故事：據說，有一名無辜的男子被誤判死刑，行刑時一隻瓢蟲停在他的脖子上，儘管劊子手一再努力試著把瓢蟲趕開，瓢蟲還是一再飛回來停在這位死刑犯的脖子上。當時的國王，是人稱「虔誠者」的羅伯特二世，他在這情境中看到了上帝的旨意，於是就赦免了這位死刑犯。幾天之後，他們竟抓到了真正的犯人，從此以後，瓢蟲就被當成神聖的吉祥物，所以我們絕對不可捏死瓢蟲。

在食物短缺時，瓢蟲會躲在樹葉下或是其他避風處進入休眠，不過如果附近有山脈的話，我們就會看到一個罕見且奇特的現象：在高海拔地區（在北非地區海拔可以達到 4,000 公尺），成千上萬的瓢蟲會聚集在朝南的岩縫與乾燥的裂縫 * 中過冬。這是因為瓢蟲最害怕的就是潮溼，潮溼的環境有利於某種微小真菌的生長，而這種真菌對瓢蟲而言有致命的危險。

春天來臨時，瓢蟲會開始繁殖。如果你見到一隻瓢蟲背著另一隻瓢蟲，表示牠們正在交配，此時雄蟲正牢牢的抓緊雌蟲。雌蟲有一個特性，就是會把精子 * 儲存放在一個囊袋中，以便在適當的時間受精。瓢蟲的幼蟲 * 能在一天之內吞掉一百隻蚜蟲！這也解釋了為什麼瓢蟲在園藝中的生物防治備受青睞。

瓢蟲的幼蟲

正在吞食蚜蟲的瓢蟲

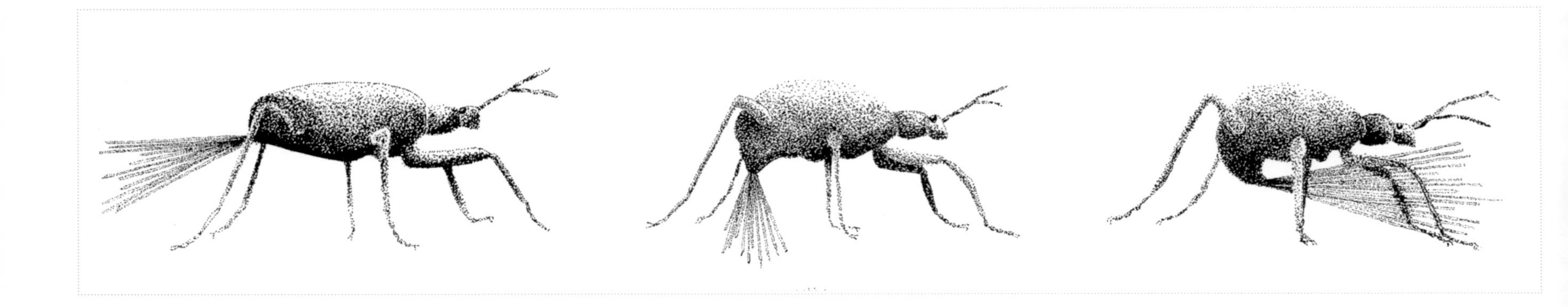

噴射放屁蟲
噴射化學武器的分解動作
Brachinus explodens D.

真正的
戰爭機器！

噴射放屁蟲這種鞘翅目昆蟲，在昆蟲的世界中真的是獨一無二、自成一格。牠的腹部藏有兩個獨立的腺體，裡面裝滿了兩種不同的液態化學物質，在分開的狀態下是完全無害的。但當遭遇威脅時，這種昆蟲就會把這兩種物質在第三個腔室中混合，這個腔室就像是個「壓力鍋」。

這兩種物質混合後經由化學反應轉化為酸性，然後溫度會迅速升高（大約攝氏 100 度）。於是在壓力累積到極限時，這種昆蟲就可以從腹部的末端對著攻擊牠的傢伙噴射液態武器。這種動作每秒鐘可以重複進行 500 次。相較之下，就算是速度最快的衝鋒槍每秒鐘也不過只能發射 166 發子彈。更厲害的是，這種強大的武器還可以旋轉，甚至可以從這隻昆蟲的六足之間發射。只能說沒事最好不要去招惹這種甲蟲！

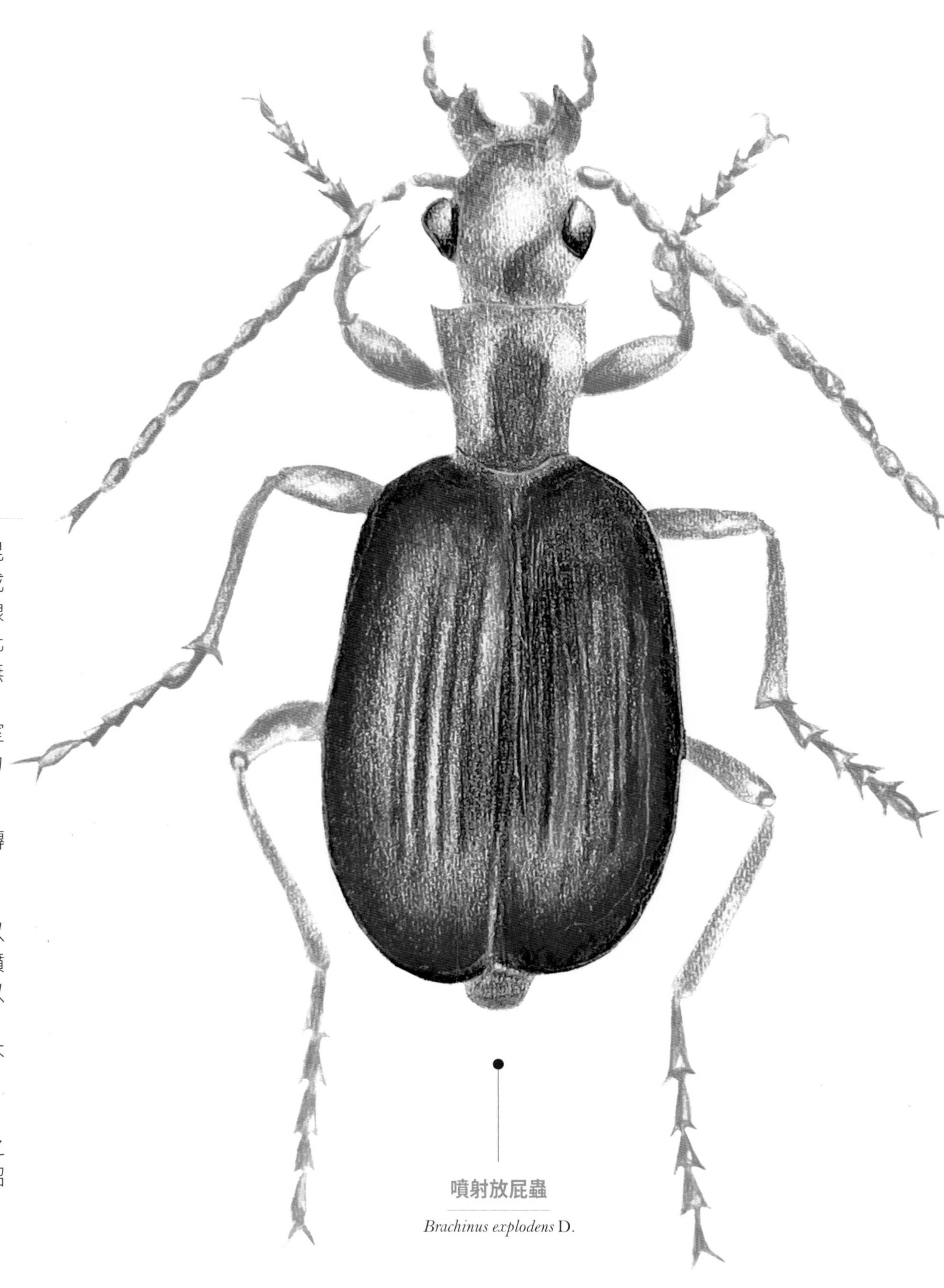

噴射放屁蟲
Brachinus explodens D.

昆蟲知識快問快答

你對鞘翅目昆蟲的理解是否已經無懈可擊了？

1 這類昆蟲稱為「鞘翅目」是基於什麼特徵？

- ☐ 用來保護自己的黏液？
- ☐ 保護翅膀的鞘翅
- ☐ 全都生活在土中

2 全世界上已經有紀錄的鞘翅目昆蟲有多少種？

- ☐ 4,000 種
- ☐ 40,000 種
- ☐ 400,000 種

3 透過顏色來區分雄性和雌性的專有名詞是什麼？

- ☐ 雌雄二型性
- ☐ 性別二色性
- ☐ 尺寸大小性

4 花金龜具有什麼特性？

- ☐ 牠在飛行的時候可以不用展開鞘翅
- ☐ 牠可以倒退飛行
- ☐ 牠不會飛

5 「完全變態」是什麼意思？

- ☐ 缺乏運氣
- ☐ 住在水面下的能力
- ☐ 轉變為一隻與幼蟲完全不同的成蟲

6 歐洲地芫青的成長發育是拜什麼樣的策略之賜？

- ☐ 牠的幼蟲會附著在獨居蜂身上，好讓自己運送到蜂巢後覓食
- ☐ 牠會在一隻獨居蜂的體內產卵
- ☐ 牠會定居在牛的腸道中以便產卵並撫育幼蟲

7 地表上速度最快的鞘翅目昆蟲是哪一種？

- ☐ 金黃步行蟲
- ☐ 無翅紅椿象
- ☐ 歐洲綠虎甲蟲

8 哪一種甲蟲被暱稱為「園丁」？

- ☐ 螢火蟲
- ☐ 歐洲深山鍬形蟲
- ☐ 金黃步行蟲

9 龍蝨居住在哪裡？

- ☐ 水面下
- ☐ 空中
- ☐ 陸地上

10 為了自我防衛，噴射放屁蟲具有一個特性，是什麼？

- ☐ 牠們會起飛並且向敵人投擲炸彈
- ☐ 牠們的每條腿上都有一把機關槍
- ☐ 牠們有辦法對敵人噴射灼熱的化學液體

正確答案

1. 保護翅膀的鞘翅 2. 400,000 3. 性別二色性 4. 牠在飛行的時候可以不用展開鞘翅 5. 轉變為一隻與幼蟲完全不同的成蟲 6. 牠的幼蟲會附著在獨居蜂身上，好讓自己運送到蜂巢後覓食 7. 歐洲綠虎甲蟲 8. 金黃步行蟲 9. 水面下 10. 牠們有辦法對敵人噴射灼熱的化學液體

鱗翅目
飛翔在空中的船帆
普藍眼灰蝶、鉤粉蝶、大天蠶蛾……

鱗翅目，獨一無二的特徵

目前已知鱗翅目昆蟲約有 16 萬種，成為地球上屬於昆蟲綱的「目」之中，物種數排名第二多。

牠們因為美麗的外表而備受收藏家喜愛，鱗翅目獨特之處在於擁有四片覆蓋著鱗片的翅膀。卡爾・馮・林奈（Carl von Linné）這位 18 世紀著名的瑞典博物學家，同時也是植物和動物國際分類法的創建者，發現了這個如此重要的特徵，於是將所有蝴蝶和蛾集中歸類在這一目，並將其命名為「鱗翅目」，源自於古希臘語中 λεπiδοϚ（Lepido）意思是「鱗片」，以及 πτερόν（Pteron）意思是「翅膀」。

在鱗翅目當中，物種之間存在著巨大的差異性。變成成蟲後，有些是日行性，而有些則完全是夜行性*。有些具有攝食用的細長口器，並且會經歷一場完全變態，從幼蟲 *，也就是毛毛蟲轉變為成蟲 *，我們通常稱之為蝴蝶或蛾。然而有些蛾，活著只是為了繁殖，因為牠們不進食所以就沒有細長口器，壽命也只有短短幾天……

甚至連在翅膀上也存在著極大的差異：某些雌性，例如古毒蛾（*Orgyia antiqa* L.）的雌蛾，翅膀嚴重退化 * 所以牠們無法飛行。幸運的是，雄蛾倒是有狀態良好的四片翅膀，可以正常使用！

紅襟粉蝶
Anthocharis cardamines L.

歐洲蓑蛾
Megalophanes viciella S.

小紅蛺蝶
Vanessa cardui L.

丁目大蠶蛾
Aglia tau L.

孔雀天蠶蛾
Saturnia pavonia L.

黃鳳蝶
Papilio machaon L.

豔后鉤粉蝶

Gonepteryx cleopatra L.

伊莎貝拉水青蛾

Graellsia isabellae G.

豹燈蛾

Arctia caja L.

白晝的蝶，夜晚的蛾……

後黃長喙天蛾

*Macroglossum stellatarum*L.

翅膀姿態如房屋般

呈「屋脊狀」的豹燈蛾

我們該如何辨認呢？

儘管我們對日行性蝶類較為熟悉，但是夜晚的蛾 * 卻占了大約百分之九十已知的鱗翅目物種。如果說前者（白晝的蝶）通常是在日間活動，而後者（夜晚的蛾）則是屬於夜行性，事實上卻不是那麼簡單！舉例來說，長得很像蜂鳥 *、會懸停飛行、拍動翅膀的速度高達每秒 75 次的後黃長喙天蛾（*Macroglossum stellatarum* L.），就讓我們清楚觀察到牠從夜晚到白天都在活動，然而牠卻是一隻飛蛾！

形態上的差異：蛾通常具有羽毛狀或是梳子狀的觸角，其末端非常纖細，而我們所謂白晝的蝴蝶牠的觸角末端則是呈棍棒狀。

另一個形態上的差異：蝴蝶在停棲時，兩對翅膀往往會垂直合攏，就好像喬治・盧卡斯的系列電影《星際大戰》中黑武士的飛行器 Lambda T4-a 那樣。蛾類在休息時，則通常翅膀會平攤或以一定的角度相互重疊。以豹燈蛾為例，我們常形容牠們停棲時的姿態貌似「屋脊狀」。

註：雖然傳統上大眾習慣將鱗翅目昆蟲區分為蝴蝶和蛾兩大類，但近代分類學研究顯示兩者並沒有非常明確的界限，事實上蝴蝶屬於蛾當中的一群。

長了鱗片的風箏

我們可以拿風箏和蝴蝶的翅膀比較。蝴蝶的翅膀是由撐開的薄膜（延伸出去的體壁 *）和一組支架所組成的，也就是翅脈，其內部血淋巴 * 的壓力變化，可使薄膜收縮或放鬆。

這層薄膜的背面和腹面上都排放著微小的彩色鱗片，排列的方式有點像屋頂的瓦片。少了鱗片，蝴蝶的翅膀就不會有顏色。鱗片隨著蝴蝶的生命週期（幾個星期）會自然脫落。所以說，鱗片是用來判斷蝴蝶年齡很好的指標。

不過，對飛行而言，鱗片並非必要。儘管我們不建議去觸碰蝴蝶的翅膀，但其實就算這麼做也不會讓蝴蝶無法飛行。不過話說回來，那樣會讓蝴蝶過早失去鱗片，這些鱗片除了為蝴蝶翅膀增添顏色外，也是用來吸收太陽熱能的必要配備。

太陽可以加熱血淋巴並且調節蝴蝶的體溫。同時也因此，早上比較容易拍攝蝴蝶，因為蝴蝶的體溫比較低，警覺性也較低。

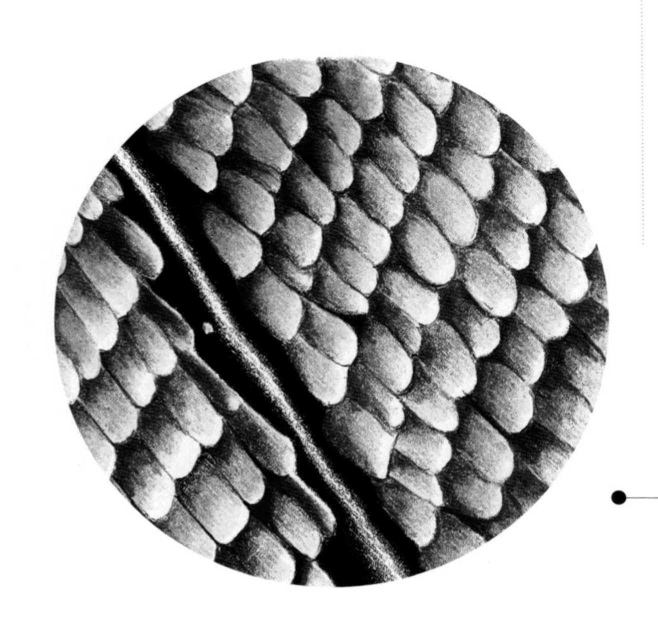

顯微鏡下看到的蝴蝶翅膀

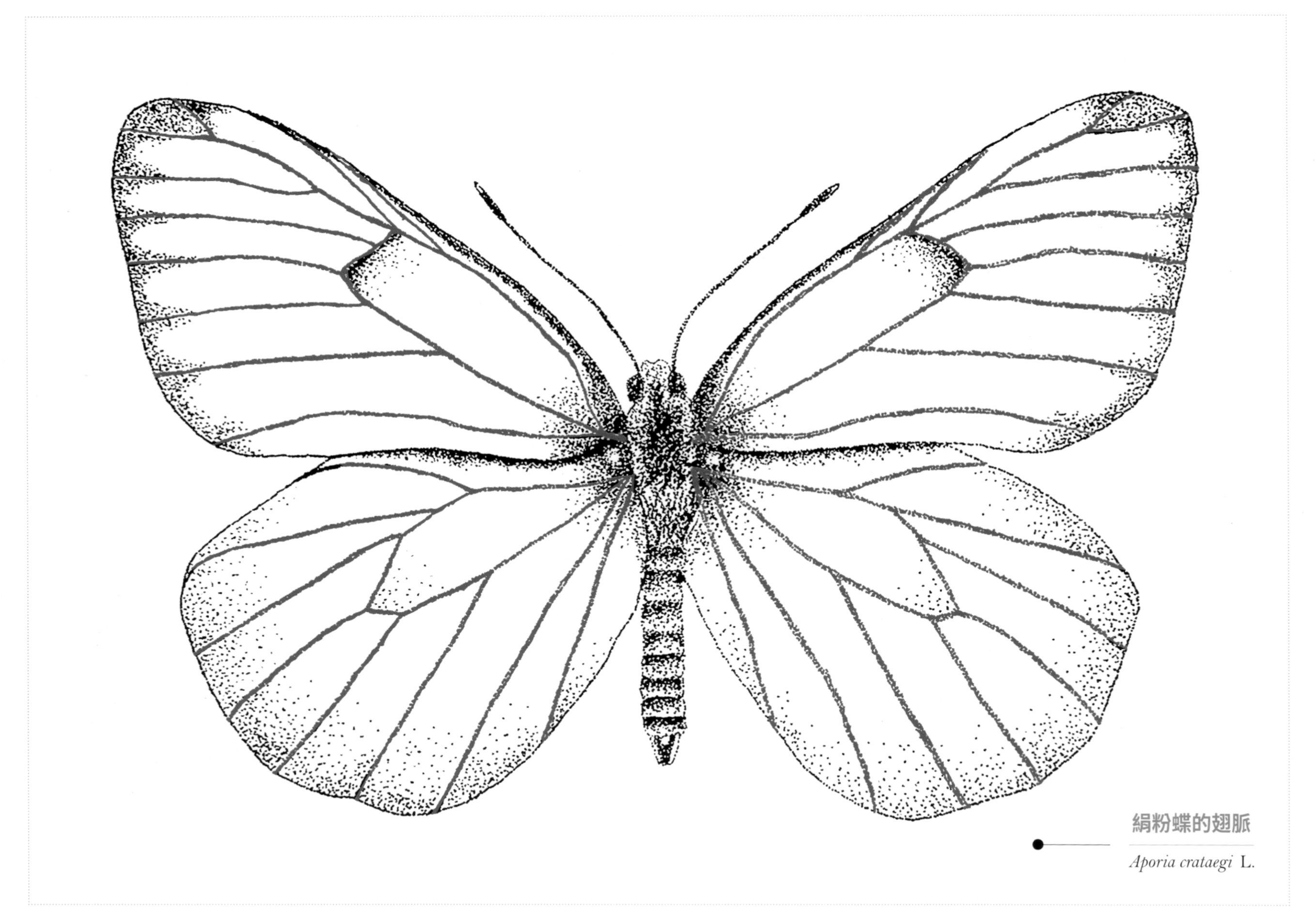

絹粉蝶的翅脈
Aporia crataegi L.

迷人的翅膀，不只是迷人而已……

鱗翅目的昆蟲中存在著雌雄二型性 *。像白緣眼灰蝶（*Lysandra bellargus* R.）的雄蝶可以招搖著炫麗的藍色風帆來吸引雌蝶。相反的是，雌蝶就必須要讓自己更加低調謹慎，好躲避掠食者 *（例如鳥類和兩棲類），所以牠的翅膀是棕色的。為了物種續存，牠必須產卵來確保後代的繁衍！

偽裝之王！

有些蝴蝶的翅膀具有偽裝的作用。牠們的翅膀可以模仿樹葉、樹皮等物體，而且模仿的功力極好，讓自己完全融入在背景之中。這種巧妙的偽裝會讓掠食者感到困惑，當這個掠食者準備要吃掉一隻蝴蝶時，卻突然發現自己面對的是一片樹葉，牠就會放棄這個獵物。

關於這種偽裝 *，有一個很好的例子，就是棟牛頭掌舟蛾（*Phalera bucephala* L.）。這種蛾停下來一動也不動的時候，看起來就像是一根小樹枝或一塊枯木！

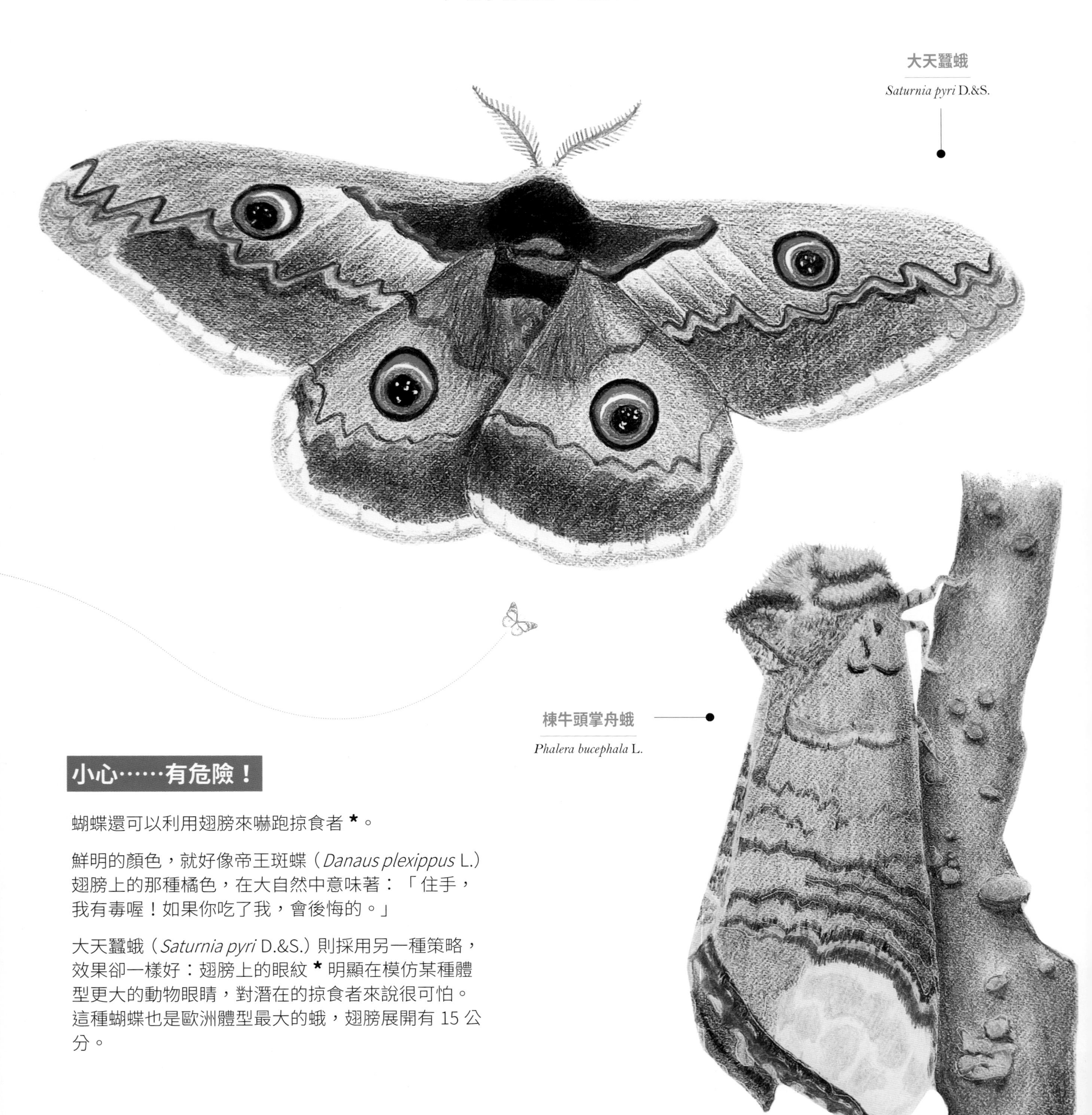

小心……有危險！

蝴蝶還可以利用翅膀來嚇跑掠食者 *。

鮮明的顏色，就好像帝王斑蝶（*Danaus plexippus* L.）翅膀上的那種橘色，在大自然中意味著：「住手，我有毒喔！如果你吃了我，會後悔的。」

大天蠶蛾（*Saturnia pyri* D.&S.）則採用另一種策略，效果卻一樣好：翅膀上的眼紋 * 明顯在模仿某種體型更大的動物眼睛，對潛在的掠食者來說很可怕。這種蝴蝶也是歐洲體型最大的蛾，翅膀展開有 15 公分。

毛毛蟲
造就了蝴蝶

我們見到毛毛蟲時，一時之間或許不會將牠們與蝶蛾聯想在一起。然而，俗稱的「毛毛蟲」正是蝶與蛾的幼蟲 * 階段，這是成長必經的過程。為何有些人無法把兩者連結在一起呢？也許是因為在大眾的認知裡，昆蟲只有六隻腳，可是毛毛蟲看起來卻有好多隻腳。可不要被牠們的外表給誤導了！事實上，毛毛蟲的胸部確實擁有六隻真正的腳，腹部那些突出物則是幼蟲階段特有的腹足（註：並非真正的腳，只存在幼蟲階段），腹足底下還長有許多細微的鉤狀結構，這些迷你的小鉤子能讓毛毛蟲在行走時牢牢抓住接觸到的物體。

黑帶二尾舟蛾

Cerura vinul L.

黑帶二尾舟蛾的幼蟲

化蛹至羽化的連續過程

帝王斑蝶

Danaus plexippus L.

在蛹中到底發生了什麼事？

大家可能會以為，毛毛蟲把自己關在蛹 * 中一動也不動，就會自然而然的長出翅膀……但實際上當中的情況會再複雜一點！

在毛毛蟲的體內，有一群稱為成蟲盤 * 的未分化細胞，它們就像一個個不起眼的小囊袋，分散在身體各處。成蟲盤未來會形成成蟲階段的器官，只是在幼蟲階段，它們還尚未成型。說得再明白一點：當卵孵化成為一隻毛毛蟲，經過連續幾次的蛻皮 * 過程，最後就來到了這特別的階段——成為一個靜止的蛹，實際上蛹裡頭的組織正在經歷大改造。假設我們在此時把蛹剖開來看，會發現裡面其實是近似「糊狀」的一團濃稠物質，因為此時成蟲盤正開始形成新的組織，其餘大部分舊的細胞則會崩解為糊狀。

接著我們會見識到一場細胞爆發！成蟲盤的細胞開始製造那隻蝴蝶未來的組織還有器官。每一個囊袋都有自己的功能：一個用於翅膀，一個用於生殖器官，一個用於消化系統。進行的是一場真正的創作。最後一個階段，也就是成蟲的羽化 *，蛻變為蝴蝶。接下來牠會開始尋找伴侶，完成繁殖後代的使命。

隨著寒冬的到來，蛹可能會進入休眠狀態，等到春天降臨，又恢復發育，在氣溫回暖時完成最後一次的蛻皮。然後開始蝴蝶的一生……

關於繭 * 和蛹之間的區別，也有必要澄清一下。不要把這兩種東西混為一談。蛹是蝴蝶羽化之前最後一個發展階段。繭則是圍繞著蛹的額外保護。雖然有些蛹可以受到繭的保護，但這並不是通則！而且蝴蝶普遍看似不結繭，然而這個準則也有例外，像是阿波羅絹蝶。

誰說只有鳥類才會遷徙？

小紅蛺蝶（*Vanessa cardui* L.）是已知昆蟲中能進行最長遷徙距離的物種！牠可以從撒哈拉以南的非洲大陸前往歐洲大陸，然後再返回起點，遷徙路徑超過 1 萬 4 千公里。牠是如何辦到的？如果以花蜜*為食，小紅蛺蝶可以連續飛行超過 40 小時。而且與所有的大型帆船一樣，為了限制能量的耗損，牠知道如何利用對自己有利的順風，讓自己置身於一千到三千公尺之間的高度移動。

帝王斑蝶（*Danaus plexippus* L.）也是一種令人驚訝的蝴蝶。有 1 億到 2 億隻帝王斑蝶會在墨西哥和美國北部間遷徙，行程超過五千公里，牠們會在墨西哥米卻肯州的神聖冷杉森林中過冬。當牠們停下來的時候，可以覆蓋整棵樹，完全看不到樹皮，然後我們會誤以為樹木在動！

儘管總是在相同地點來回遷移的現象，對科學家而言仍是徹徹底底的謎，不過我們知道這些蝴蝶在冬天返回棲息地的氣候條件保障了牠們的生存，還有溫度變化一直都是促使牠們遷徙的主要原因。

小紅蛺蝶的遷徙

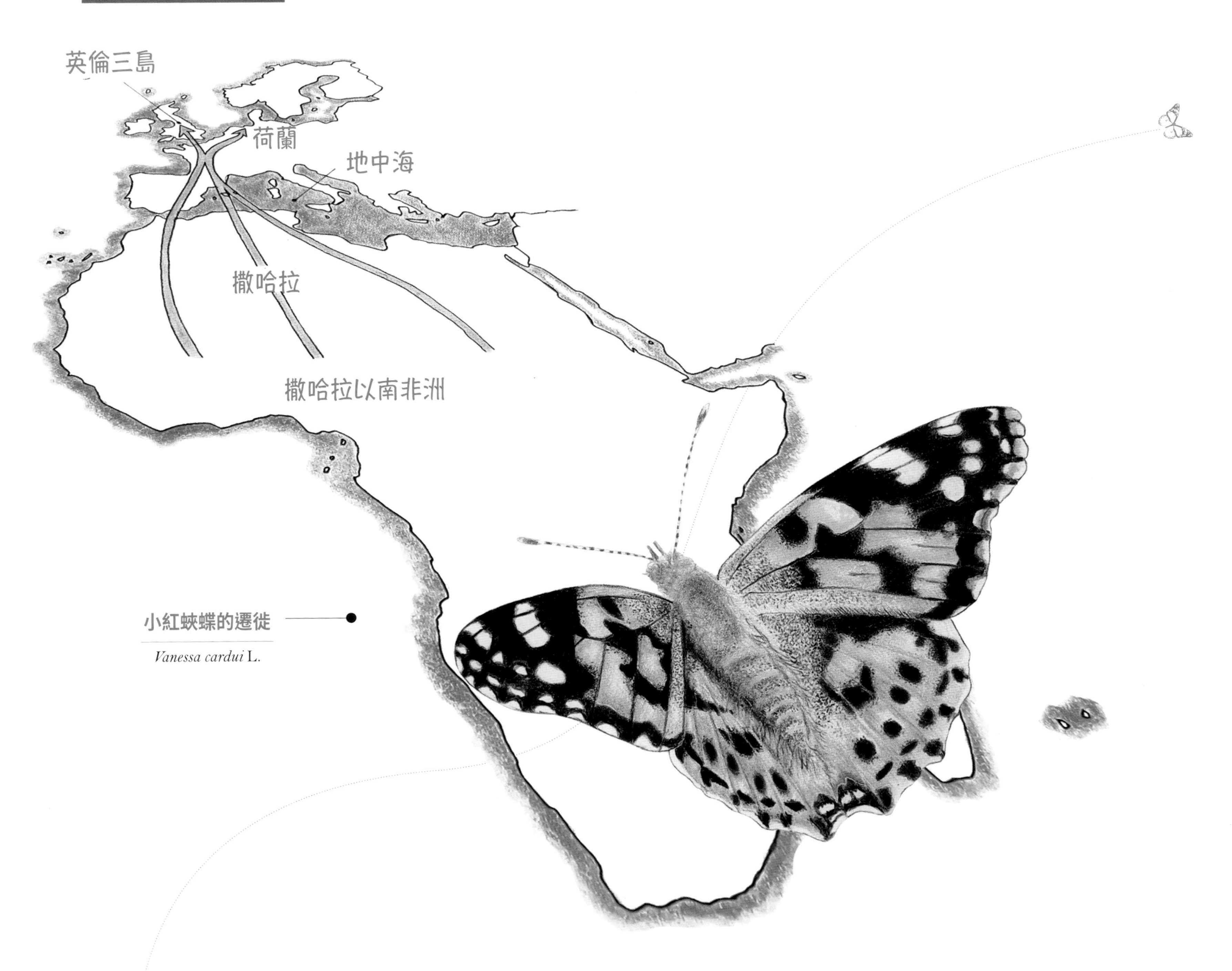

小紅蛺蝶的遷徙
Vanessa cardui L.

用吸管吃東西，真懂得享受……

從蛹 * 中出來的蝴蝶並沒有咀嚼式口器。取而代之的是一個又大又長的口器，稱為虹吸式口器。它可以捲起來，然後在覓食時展開，以獲取牠們最喜歡的食物：花朵中的花蜜 * 或果實中的糖分。沒錯，鱗翅目昆蟲確實都是「甜食控」。因為拍動翅膀需要大量的能量，所以牠們必須要吃糖，很多很多的糖！

不過我們還是必須指出幾個非常罕見的例外。鱗翅目小翅蛾科的昆蟲，咀嚼式口器能壓碎花粉粒作為食物。

牠們的食性選擇與進食方式對大自然而言非常重要。牠們是優秀的授粉媒介。牠們攜帶著花粉粒，從這一朵花飛到另一朵花。因此而促成了許多植物的繁殖。

然而有一點要請大家注意，有些蝴蝶，比如說大天蠶蛾，破蛹而出時就不具備口器。牠們的壽命只有幾天。牠們利用自己儲備的能量過活，沒有時間進食，牠們活著的主要目的就是繁殖。

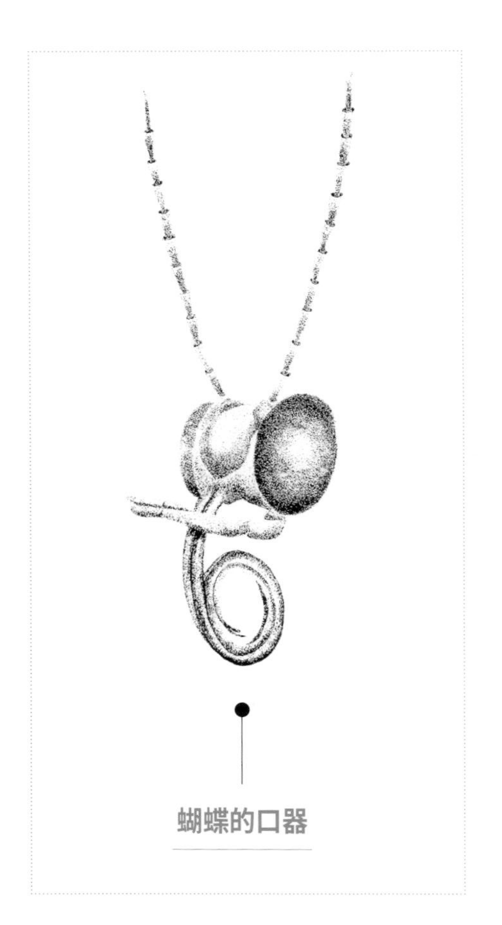

蝴蝶的口器

雌雄同體的範例：

歡樂女神閃蝶

Morpho menelaus didius H.

這句可不是罵人的話，而是存在於昆蟲界一種罕見的現象。昆蟲學家 * 使用這個術語來區分出由雌性細胞與雄性細胞所組成的昆蟲。在極少數的情況下，這些細胞會從一側擴散到另一側。這種情況便在蝴蝶身上創造出分成兩部分的樣態：一半雌性，一半雄性。發生在雄性與雌性之間存在著巨大的差異（雌雄二型性 *）的蝴蝶身上，就愈是令人印象深刻，這隻歡樂女神閃蝶便是這樣的狀況。不用說，所有的收藏家都很想要擁有一隻。

昆蟲知識快問快答

你對鱗翅目昆蟲的理解是否已經無懈可擊了？

1 最早為生物分類的博物學家叫什麼名字？

- ☐ 克里斯蒂亞諾・羅納爾多
- ☐ 卡爾・馮・林奈
- ☐ 尚・亨利・法布爾

2 何者為蝴蝶所屬的目？

- ☐ 鱗翅目
- ☐ 鞘翅目
- ☐ 蜻蛉目

3 歐洲最大的蝴蝶叫什麼名字？

- ☐ 歌利亞鳥翼蝶
- ☐ 皇帝蛾
- ☐ 大天蠶蛾

4 蝴蝶的幼蟲還有另一個名字，是什麼？

- ☐ 水仙女
- ☐ 毛毛蟲
- ☐ 蚯蚓

5 鱗翅目的名稱是來自於蝴蝶的什麼特徵？

- ☐ 翅膀上的鱗片
- ☐ 牠的四片翅膀
- ☐ 牠滿滿的囊袋

6 蝴蝶在鱗翅目的物種數中所占比例大約為？

- ☐ 10%
- ☐ 20%
- ☐ 80%

7 可以讓成年蝴蝶成形的小囊袋名稱叫做什麼？

- ☐ 滿滿的囊袋
- ☐ 購物袋
- ☐ 成蟲盤

8 毛毛蟲有幾隻腳？

- ☐ 3 隻腳
- ☐ 6 隻腳
- ☐ 1,000 隻腳

9 蝴蝶中最偉大的遷徙者是哪一種？

- ☐ 帝王斑蝶
- ☐ 小紅蛺蝶
- ☐ 後黃長喙天蛾

10 生物體中有一半身體為雌性，另一半為雄性的現象叫做什麼？

- ☐ 雌雄同體
- ☐ 擬態
- ☐ 成蟲的蛻皮

正確答案

1. 卡爾・馮・林奈 2. 鱗翅目 3. 大天蠶蛾 4. 毛毛蟲 5. 翅膀上的鱗片 6. 10% 7. 成蟲盤 8. 6 隻腳 9. 小紅蛺蝶 10. 雌雄同體

膜翅目
神奇的社會性昆蟲

蜜蜂、胡蜂、歐洲熊蜂、螞蟻……

超奇怪的分類！

「膜翅目」這個詞源自古希臘語 ὑμήν（Hymen），意思是「膜」，以及 πτερόν（Pteron）意思是「翅膀」所組成。合在一起就是「膜狀的翅膀」的意思。

不過因為牠們並不是唯一具有這種特徵的昆蟲，反倒是 Hymen 這個字讓人聯想到希臘神話中的婚姻之神「海曼」（Hymen），因為蜜蜂這類昆蟲在飛行時，前翅與後翅會結合在一起。但事實上是兩片比較小的後翅，在飛行時透過一排「翅鉤」連接了前翅。

此外，膜翅目除了蜜蜂、胡蜂、熊蜂、虎頭蜂之外，也包含了螞蟻。這一點真的讓人跌破眼鏡！根據統計，目前已知的膜翅目昆蟲共有 12 萬種，牠們的蹤跡遍布各大洲（除了南極洲），而在法國就有八千多種膜翅目昆蟲（在台灣目前已知的膜翅目昆蟲則約有 3,100 種）。

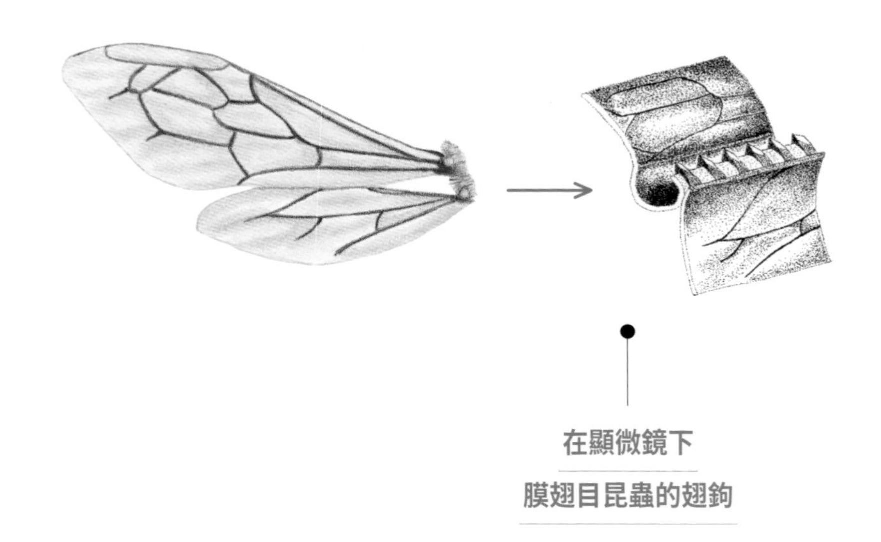

在顯微鏡下
膜翅目昆蟲的翅鉤

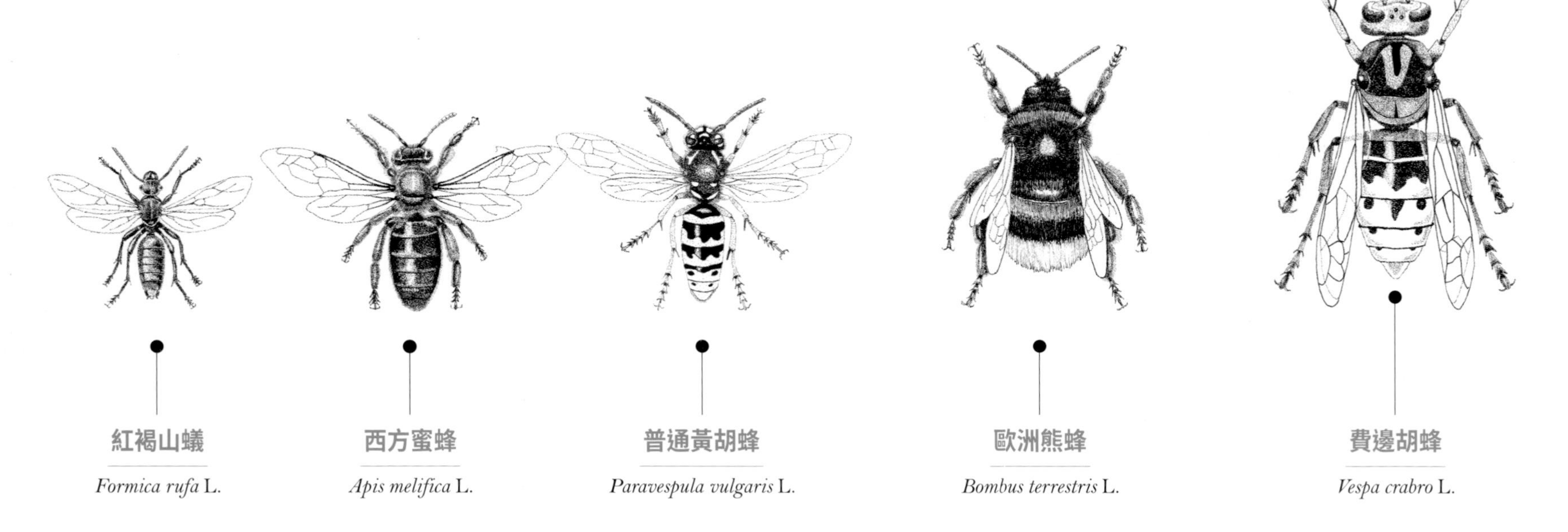

紅褐山蟻
Formica rufa L.

西方蜜蜂
Apis melifica L.

普通黃胡蜂
Paravespula vulgaris L.

歐洲熊蜂
Bombus terrestris L.

黃邊胡蜂
Vespa crabro L.

蜜蜂的生命週期

蜜蜂是完全變態的昆蟲（「變態」的意義詳見第 58 頁說明）。當蜂王產下卵，工蜂會負責照顧不同發育階段的幼蟲 *。首先卵的孵化，幼蟲破卵而出。接著，是連續不同階段的蛻皮 *，直到形成蛹 *，最後才會變成我們所認識的成蟲 *：成蟲可分為工蜂與雄蜂；如果幼蟲食用三天以上的蜂王漿，就會發育成蜂王。

西方蜜蜂與許多昆蟲截然不同，可以數代一起共存，蜂群不會在冬季來臨時消失。隨著季節回暖，牠們甚至能分裂形成新的蜂群。這種現象稱為「分封 *」。

蜂巢或蜂群的運作模式有一種良好的機制，每一個成員都會完成自己的明確任務。除了蜂王，其他的雌性都是工蜂，牠們終其一生（生命週期為六到七週）都會循序擔任下列的角色：清潔、幼蟲保育、製造蜂蠟、調節蜂巢溫度、倉庫管理、守衛，然後是覓食，直到生命的盡頭。一個蜂群的蜜蜂數量最多可以達到 6 萬隻。而自然界中也有野生蜂群存在，牠們的運作方式和人工蜂巢一樣。

我們最熟悉的蜜蜂：西方蜜蜂

說起蜜蜂，就不能不提到西方蜜蜂（*Apis mellifera* L.），牠們大多住在人工蜂巢中，為人類提供蜂蠟 *、蜂蜜 *、蜂王漿 * 與蜂膠 *。就跟其他的社會性蜜蜂一樣，西方蜜蜂的身上覆蓋著毛。牠有著長長的舌狀構造，能用來吸取花蜜 *，而牠的後腿上有用來收集花粉 * 的花粉籃。要特別注意的是：由於雄蜂主要的任務是使蜂王受精，牠們不採花蜜和花粉，故身上也不具花粉籃。

西方蜜蜂

工蜂
Apis mellifera L.

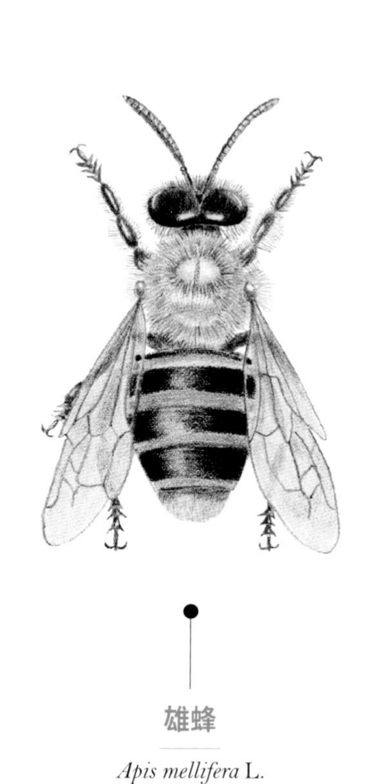
雄蜂
Apis mellifera L.

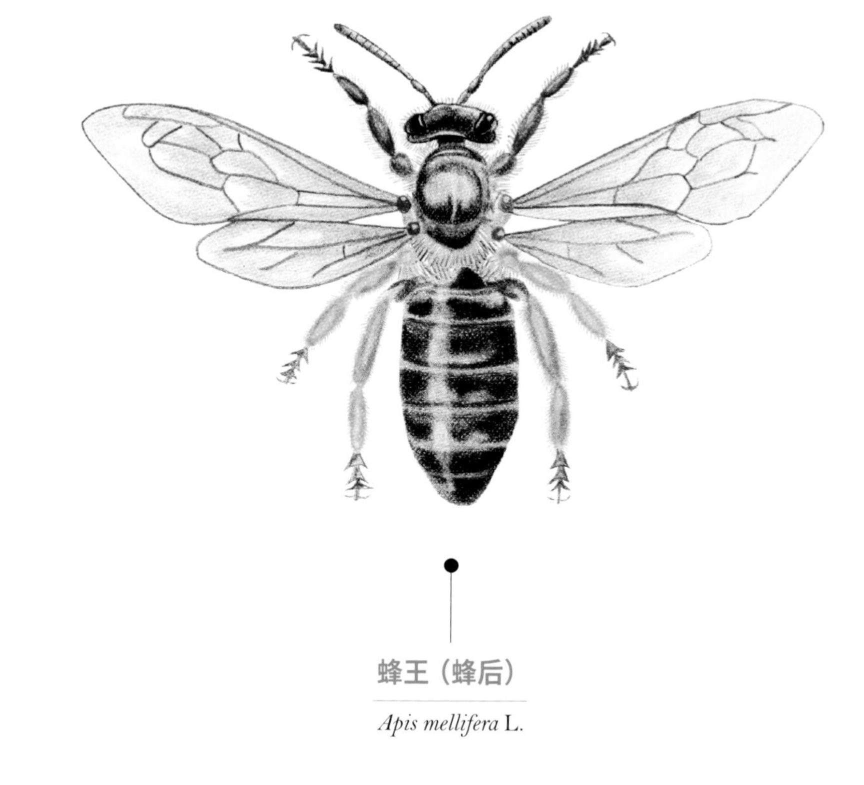
蜂王（蜂后）
Apis mellifera L.

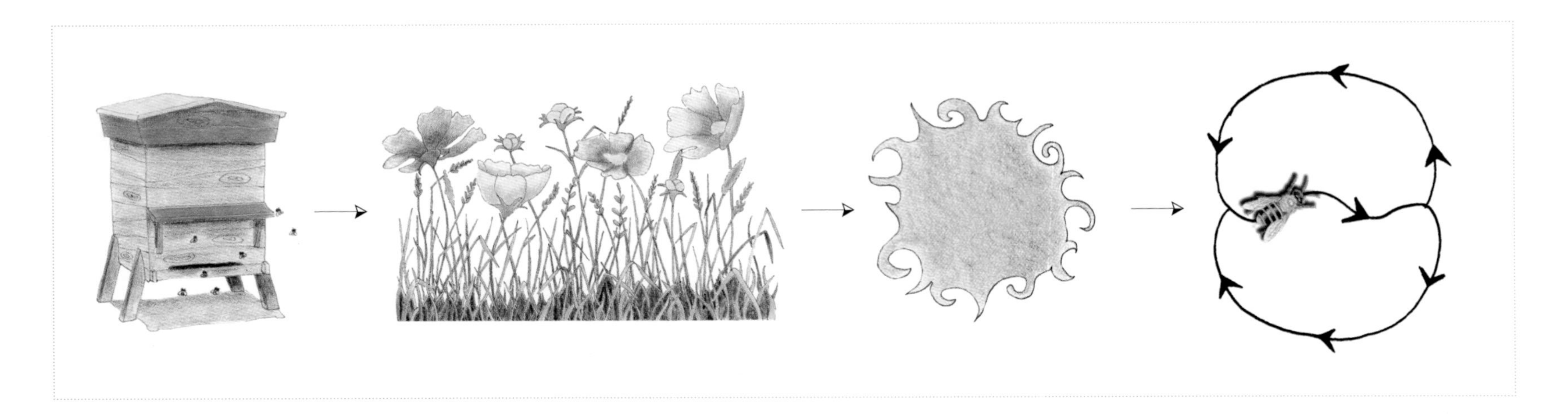

花田與太陽
和蜂巢在同一條軸線上

花田的位置相對於太陽與蜂巢形成一個角度。
蜜蜂透過跳舞來展現由「蜂巢 - 花田」和「蜂巢 - 太陽」
兩個軸線所構成的角度。

來跳一支小舞吧？

在西方蜜蜂身上，我們發現了一種不太尋常的特性，牠們會利用溝通來指出覓食地點。當然，蜜蜂會用一般的方式溝通（費洛蒙 *、觸碰），但也會用一種 8 字形舞蹈指出某片花田的位置，就算這片花田在好幾公里遠的地方也沒問題。多虧這種舞蹈，整個蜂群才可以覓得這片食物來源。你會不會好奇蜜蜂的工作量巨大到什麼地步？說出來你可能會嚇一跳，一個蜂巢裡 6 萬隻蜜蜂在一天當中所走過的路線加總，竟然相當於從地球到月球的距離，非常不可思議！

蜜蜂也非常勤勞，例如 300 隻蜜蜂為了收穫 450 公克的蜂蜜 *，花了大約 3 星期來完成。雖然牠們的壽命很短，但為了完成任務卻總是毫不懈怠地工作，最後筋疲力盡地結束一生。

蜜蜂也可以運送相當於體重的花蜜 * 和花粉 *。蜜蜂會先吃下花蜜，儲存在蜜胃（位於消化道中、在胃之前的一個囊袋）中，然後再把花蜜反芻給蜂巢中的蜜蜂，牠們以口傳口的方式將花蜜存放在蜂巢室中，用來餵食幼蟲 *。也許會讓某些人不太愉快，但認真說起來蜂蜜還有點像是蜜蜂的嘔吐物呢！

一隻蜜蜂……還是好多隻蜜蜂？

事實上，把蜜蜂簡化為僅有一種西方蜜蜂（*Apis mellifera* L.）是錯誤的。從昆蟲（大約是兩億四千五百萬年前）和開花植物出現以來，便開始了這一支持續不斷的芭蕾舞，目的就是確保蜜蜂與花朵的生存：授粉者 * 為花朵授粉，而花朵則為授粉者提供食物。可以說沒有花朵，就沒有蜜蜂，反之亦然。但是單靠西方蜜蜂不可能為地球上所有植物授粉。更何況牠們的身體構造也無法適應所有種類的花朵。幸好，還有兩萬種以上蜜蜂總科的野生昆蟲可以支援牠們，甚至連其他如蝴蝶或蒼蠅等為數眾多的授粉者也來協助。這樣加起來就是很大一群了！

多虧了卡爾·馮·林奈（對，又是他！）與他的分類法，現在我們知道蜜蜂與牠們的親戚及其多樣，當中許多種類對於植物的授粉至關重要。

一些野生的蜂類也會訪花，例如切葉蜂科的紅壁蜂，牠們和西方蜜蜂不同之處，在於雌蜂會獨力照顧一個巢。牠會供應花蜜 * 與花粉 * 給自己的幼蟲 *，稱為花粉漿 *，但牠不會生產蜂蜜 *。

如果說西方蜜蜂一定要生活在蜂巢中，獨居蜂則不參與社會性群居生活。牠們會在多種棲息地築巢：像是在沙質土壤挖洞築巢，也會在既有的孔洞（樹幹或是枯木）、蝸牛殼，甚至用泥土砌造蜂巢。

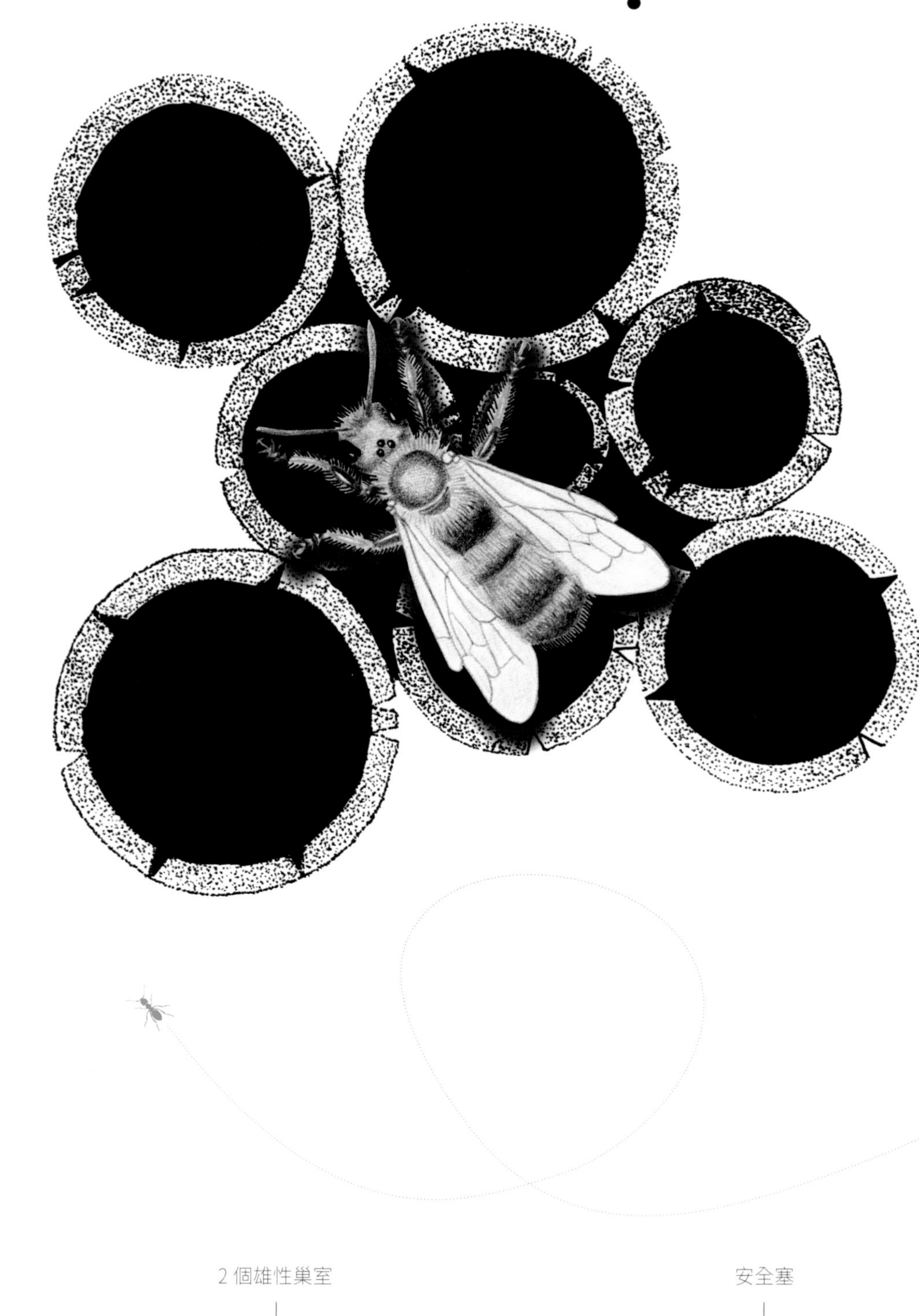

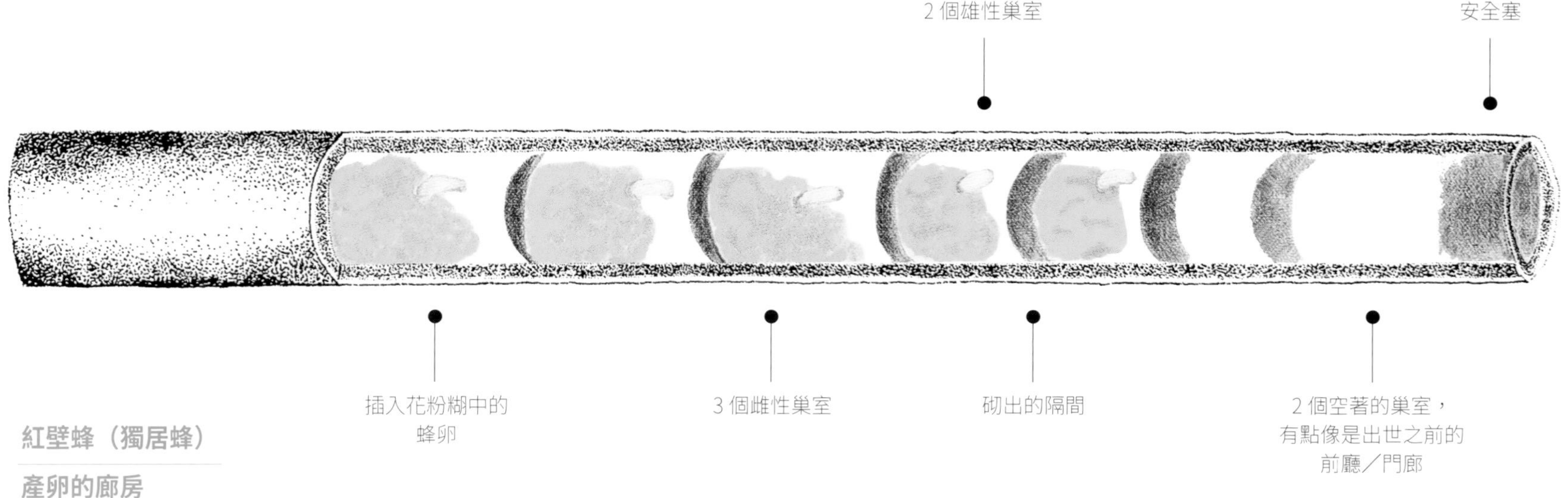

紅壁蜂（獨居蜂）

產卵的廊房

那麼兇惡的黃胡蜂呢？
牠可是都市傳說啊！

說起膜翅目昆蟲，我們不能不談黃胡蜂，牠們彷彿生來就是為了在美好天氣時騷擾和螫刺我們的！星期日一家人在花園裡用餐或是在野餐時，面對飛來盤子裡的黃胡蜂，怎能不被激怒，怎能不咒罵，甚至變得歇斯底里？但可不是所有黃胡蜂都這樣討人厭，因為就像所有的膜翅目一樣，黃胡蜂也有好幾種。其實會讓我們詛咒的是普通黃胡蜂（*Vespula vulgaris* L.）與牠們的近親。不過話說回來，其實牠們對你一點興趣也沒有，因為牠們是吃素的！主要以糖為食物。

不過牠們的幼蟲 * 是肉食性的，這就是為什麼牠們會來切下你盤中的一塊肉，有時還會重複好幾次，然後以一種笨拙且不完全是直線的飛行方式把肉塊帶回去。牠們如果主動發動攻擊，那一定是牠們比你還要害怕得多，否則冒著讓自己被打扁的風險去螫人只是最後的手段，無論如何牠們也得餵食自己的後代啊！所以面對牠們還是保持冷靜吧，同時記住，膜翅目昆蟲只有在自己面臨極度威脅時才會亮出牠的螫針。

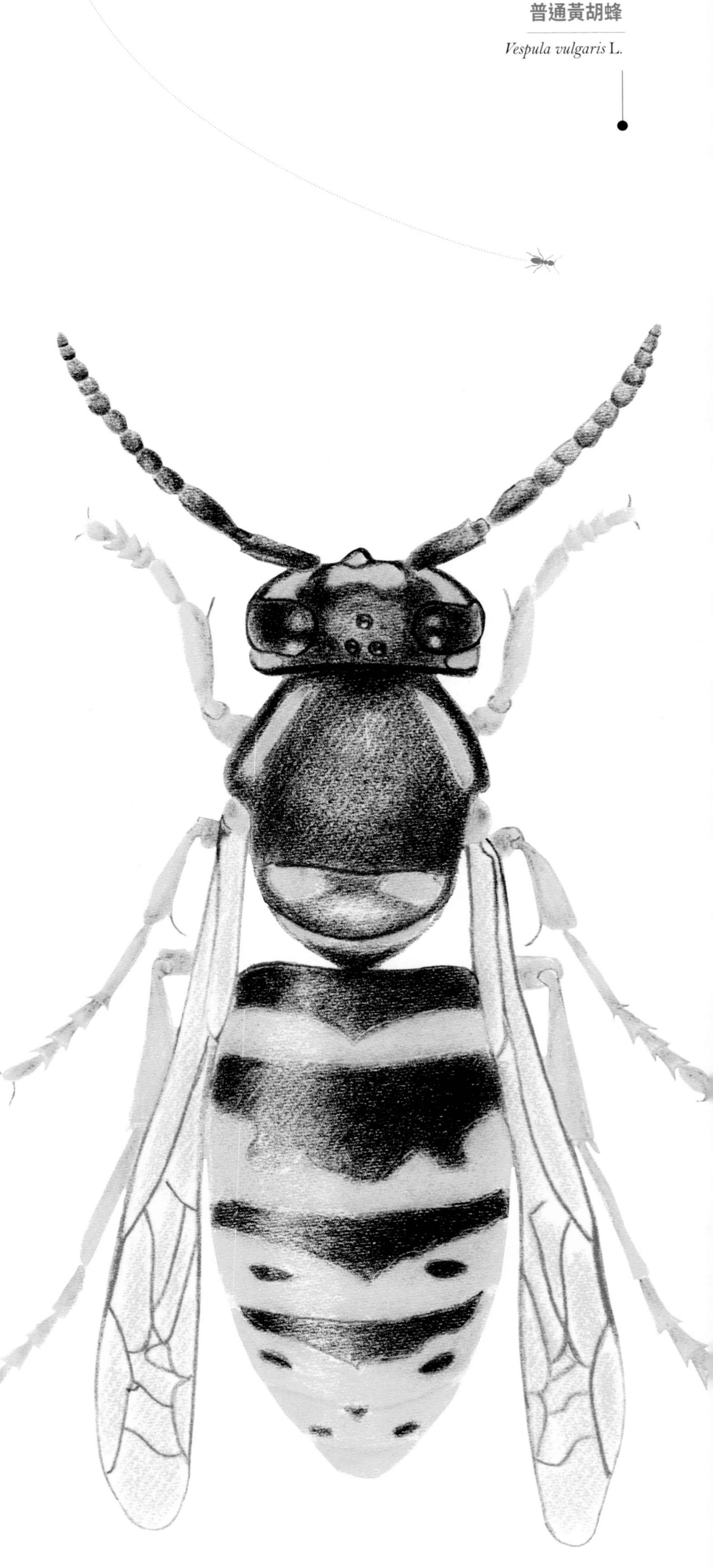

普通黃胡蜂

Vespula vulgaris L.

杜鵑青蜂

Chrysis cyanea L.

搞怪的杜鵑青蜂……

還有一些會寄生 * 的青蜂，例如外表像是漂亮標本的杜鵑青蜂（*Chrysis cyanea* L. 或 *Chrysis ignata* L.）。別誤會，牠們並沒有掉進具金屬光澤的彩色塗料中。這種青蜂真的存在，而且還是其他胡蜂與蜜蜂的恐怖威脅。青蜂是非常會占便宜的投機分子，就像以杜鵑為名的杜鵑鳥，牠們會等正在築巢的主人離開時，在其巢內產卵。要是運氣不好被逮個正著，杜鵑青蜂會像鼠婦 *，捲成球狀來保護自己！幼蟲 * 的成長則是完全仰賴宿主的幼蟲，而後者則毫無存活機會。

那麼熊蜂又是如何呢？

說起熊蜂，會不會有人以為熊蜂就只有雄性？這樣你對熊蜂就真的是誤會大了，熊蜂是屬於蜂類的大家族，所以當然有雄蜂也有雌蜂。而且，牠們還非常具有社會性，比起西方蜜蜂牠們有更多種類過著群居的生活，不過，有必要再詳細說明，因為熊蜂與西方蜜蜂的蜂群運作方式並不一樣。在每一個新的生命週期中，只有蜂王會存活下來，蜂群 * 其他成員會全數死亡。

拜厚實的毛所賜，牠們就算在氣溫低至攝氏 5 度都還可以覓食，甚至有時也可以生活在亞高山（海拔約兩千公尺）中活動。大家比較想知道的問題：熊蜂會螫我們嗎？技術上來說，答案是肯定的，不過就像所有蜜蜂那樣，只有雌蜂才有螫針。有些物種不容易被激怒，可是如果牠們感到危險，就會毫不猶豫地螫人。所以最好還是避免徒手捉雌蜂。

熊蜂

Bombus terrestris L.

螞蟻的生命週期

螞蟻的幼蟲 * 會蛻好幾次皮，直到變成蛹 *。牠會把自己包覆在絲繭 * 中（我們經常會誤認為卵）。從這個時候開始，牠就進入羽化階段，以轉變為成蟲 *，和蝴蝶完全一樣！工蟻的壽命為一到兩年，而蟻后的壽命則是五到三十年，視物種而定。至於雄蟻，則是再次只限於繁殖的角色，只能存活一個季節。

螞蟻的

生命週期

圖 1. 卵 - 圖 2. 幼蟲 - 圖 3. 蛹 - 圖 4. 成蟲

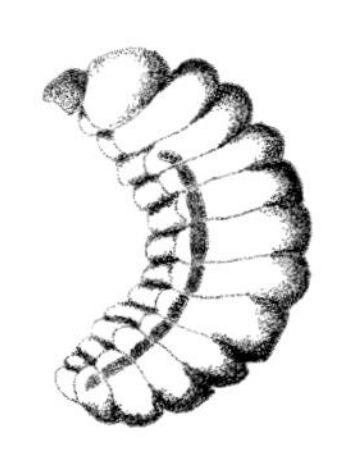

圖 1. 卵　圖 2. 幼蟲

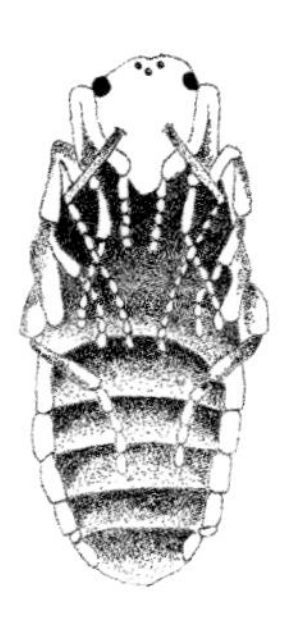

圖 3. 蛹

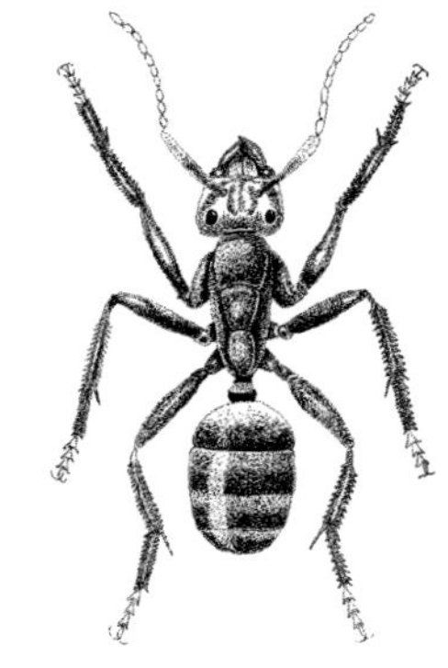

圖 4. 成蟲

在地球上，

螞蟻的生物量

相當於人類的生物量

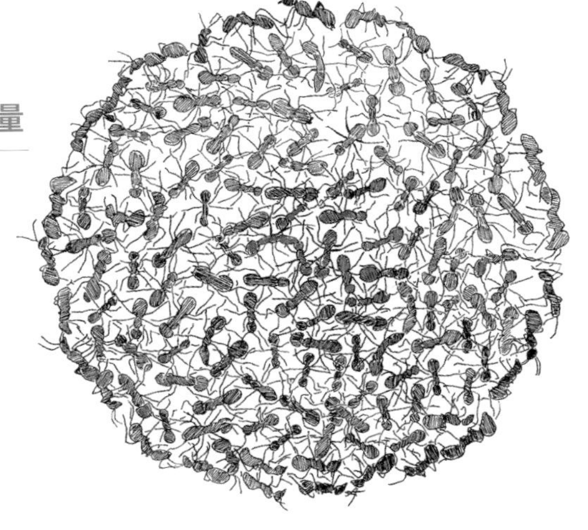

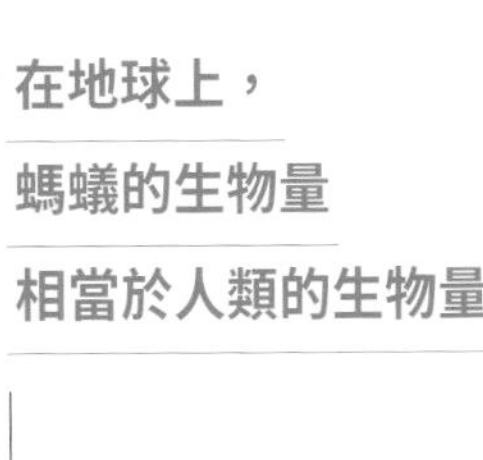

螞蟻的重量可是了不起的大！

儘管外表看起來毫不起眼，螞蟻在地球上卻占有相當重要的地位。單單以牠們的總重量就與地球上所有活著的人類相同。這點可真是釐清了螞蟻的重要性！目前全球已知的螞蟻超過一萬兩千種。

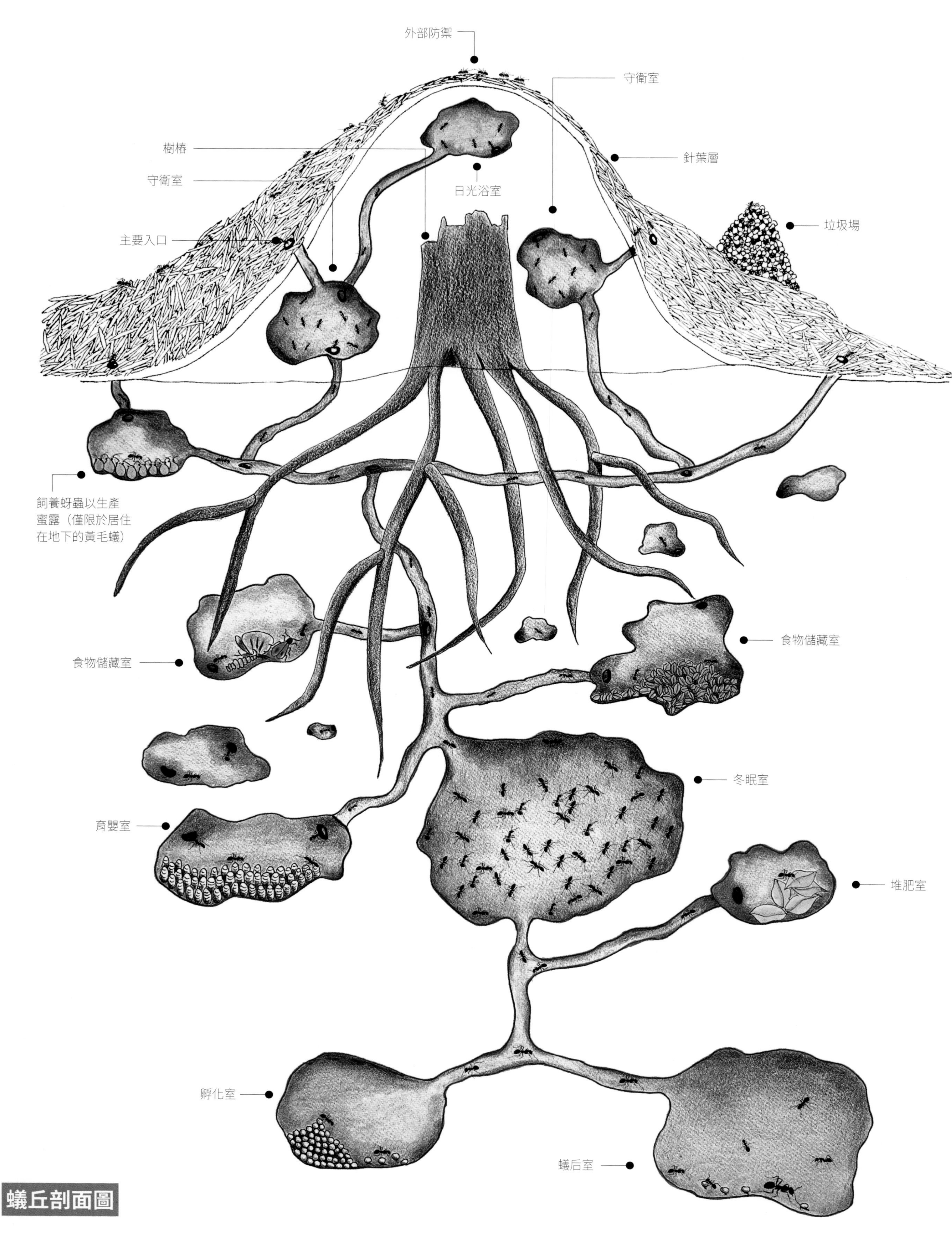
外部防禦
守衛室
樹樁
針葉層
守衛室
日光浴室
垃圾場
主要入口
飼養蚜蟲以生產蜜露（僅限於居住在地下的黃毛蟻）
食物儲藏室
食物儲藏室
冬眠室
育嬰室
堆肥室
孵化室
蟻后室

蟻丘剖面圖

各司其職，各安其命……

所有的螞蟻都生活在按照位階制度組織的群體 * 中。有蟻后、工蟻和雄蟻。工蟻的數量相當可觀。牠們負責養育蟻卵（孵化）、幼蟲 * 與蛹 *，維護並保衛蟻巢，還有供應食物。我們經常看到這些工蟻孜孜不倦地搬動樹葉、昆蟲……還養殖蚜蟲來取得蜜露 *。

蜜罐蟻

在工蟻當中，有某些注定要變成真正的糧食儲存槽。生活在澳洲的半沙漠地區、非洲或是北美洲的「蜜罐蟻」就會把蜜露 * 累積存在腹部，直到腹部變得巨大到無法移動。牠們便成為某種活生生的儲存槽，其他螞蟻會用觸角觸碰蜜罐蟻，蜜罐蟻就會反芻出珍貴的花蜜 *。

婚飛

蟻群存活數年後，蟻群聚落會產出一些具有生殖能力的螞蟻：有雄性也有雌性（未來的蟻后）。在一年中的特定時期，所有具有翅膀的螞蟻會先聚集在蟻巢出口，進行一場令人眼花繚亂的舞會，然後起飛進行繁殖。這種現象稱為婚飛或是群飛。雌性會與好幾隻雄蟻交配，不過只能受精一次，並且將精子 * 儲存在儲精囊中。然後雌蟻會降落在地面上，脫去翅膀鑽入地下發展自己的蟻群。於是新蟻巢的生活展開了……

蟻窩：一座真正的城市！

蟻窩精緻的組織結構和蜂巢不相上下。蟻窩中的一切都安排得井然有序。蟻丘由多個房間組成，而每一個房間都具有非常確切的功能：食物儲藏室、堆肥室、孵化室、蟻后室……甚至還有墓地！以紅螞蟻為例，蟻穴可以容納多達一百五十萬隻螞蟻。蟻后每天可以產下 1,500 顆卵。

而且一隻紅褐山蟻（*Formica rufa* L.）的蟻后可以存活十五年以上時，這也表示牠一生可以生出超過八百萬隻螞蟻！有誰能說自己比牠更強？

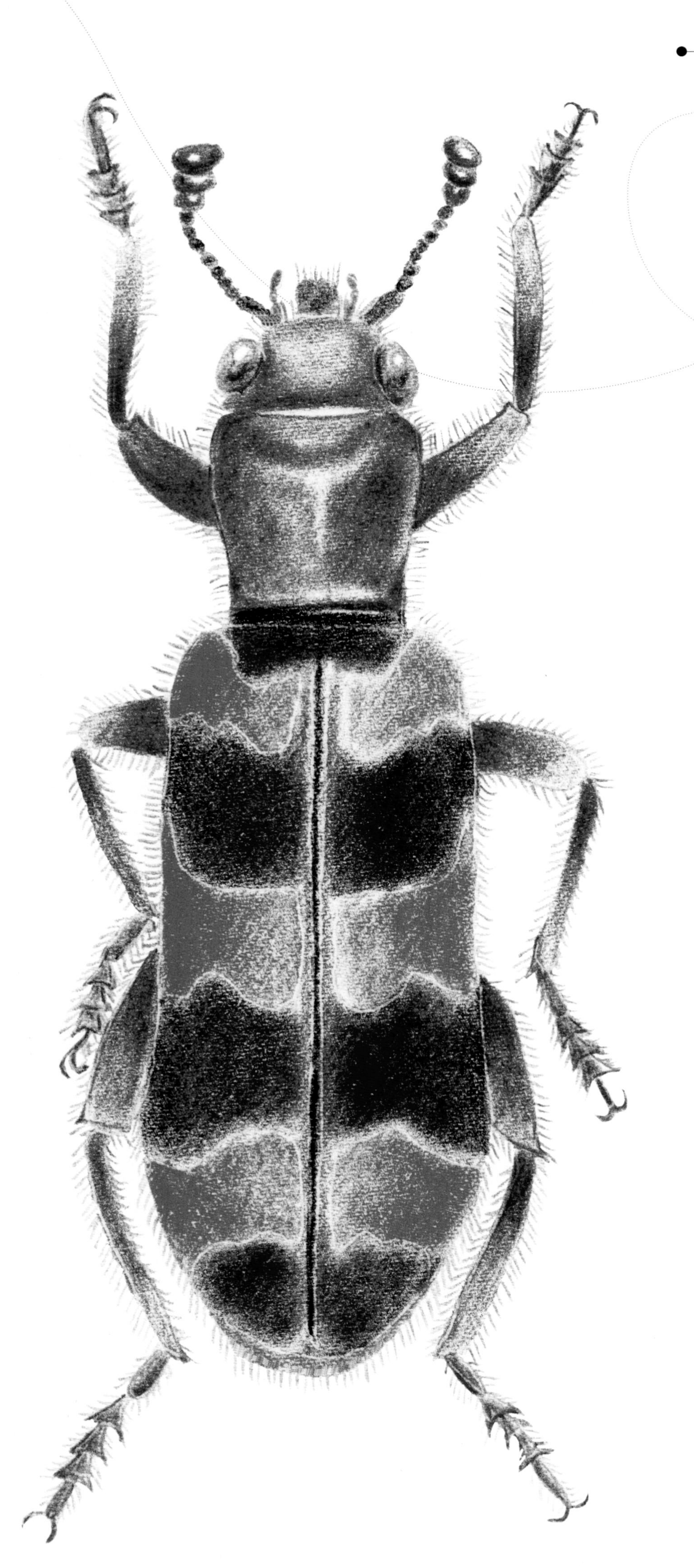

食蜂郭公蟲

Trichodes apiarius L.

膜翅目昆蟲並非沒有敵人！

許多膜翅目昆蟲的掠食者 * 也屬於膜翅目，某些還以同類為主食。

最典型的例子是黃腳虎頭蜂（一種體型很大的虎頭蜂），牠具有壯碩的體型、具威脅性大顎 *，再加上毒液，使牠成為很可怕的敵人。只要牠現身就能驚擾到那些覓食的蜜蜂，讓牠們嚇得不敢離開蜂巢，無法履行餵養同伴的職責。這種虎頭蜂的行動效率高得嚇人，一天中可以飛很長的距離。有些虎頭蜂甚至就在蜂巢前繞行，等待蜜蜂回巢時攻擊。

除了虎頭蜂，也有其他昆蟲是與蜜蜂的掠食者。像是食蜂郭公蟲（*Trichodes apiarius* L.），屬於鞘翅目，可以藉著長途飛行四處尋找蜂巢。雌蟲會被蜂巢的氣味吸引，到蜂巢裡產卵。牠的幼蟲 * 會以蜜蜂的幼蟲和蛹 * 為食，還會把儲存的蜂蜜 * 吃個精光。

螞蟻也會遭遇類似的狀況，某些客居生物 * 會借住在牠們的巢內，例如鞘翅目的粗角步行蟲（*Paussus favieri*，詳見第 11 頁說明），除了可以保護自己免受螞蟻攻擊，甚至還會使用螞蟻的語言，讓自己在蟻窩中不被發現。這些物種就是用寄居的方式在蟻窩中生活。

昆蟲知識快問快答

你對膜翅目昆蟲的理解是否已經無懈可擊了？

1 請找出入侵者：下列哪種昆蟲不屬於膜翅目？

- ☐ 蜜蜂
- ☐ 熊蜂
- ☐ 蒼蠅

2 世界上已知的膜翅目昆蟲有幾種？

- ☐ 1,200 種
- ☐ 12,000 種
- ☐ 120,000 種

3 蜜蜂的幼蟲如何才會變成一隻女王蜂？

- ☐ 為牠戴上王冠
- ☐ 要餵食三天的花蜜
- ☐ 要餵食超過三天的蜂王漿

4 西方蜜蜂是如何與彼此溝通以指出某片花田的所在位置？

- ☐ 牠們會跳一種 8 字形的舞
- ☐ 牠們會嗡嗡嗚唱一首編入密碼的歌
- ☐ 牠們會畫出路線圖

5 多虧了哪一位瑞典科學家，我們才發現有獨居蜂的存在？

- ☐ 查爾斯・達爾文
- ☐ 卡爾・馮・林奈
- ☐ 尚・亨利・法布爾

6 成年胡蜂的食性是哪一種？

- ☐ 肉食性
- ☐ 植食性
- ☐ 雜食性

7 杜鵑青蜂在遭受到威脅時會做什麼？

- ☐ 牠會用針螫刺
- ☐ 牠會噴射酸性物質
- ☐ 牠會把自己捲成球狀

8 地球上螞蟻的總重量相當於什麼？

- ☐ 蜜蜂的總重量
- ☐ 人類的總重量
- ☐ 魚類的總重量

9 螞蟻飛行繁殖時的現象稱為什麼？

- ☐ 婚飛
- ☐ 地獄飛行
- ☐ 螺旋飛行

10 如何稱呼當作食物儲存槽的螞蟻？

- ☐ 儲藏室螞蟻
- ☐ 糖果盒螞蟻
- ☐ 蜜罐蟻

正確答案

1. 蒼蠅 2.120,000 種 3. 要餵食超過三天的蜂王漿 4. 牠們會跳一種 8 字形的舞 5. 卡爾・馮・林奈 6. 植食性 7. 牠會捲成球狀 8. 人類的總重量 9. 婚飛 10. 蜜罐蟻

半翅目・異翅亞目

會刺會吸的恐怖分子

椿象、無翅紅椿象、黽椿象……

異翅亞目？什麼鬼？

如果我們從詞源學 * 來看，「異翅亞目」這個字是由古希臘文 ἕτερος「Hetero」（其他的、不同的），與 πτερόν「Pteron」（翅膀）所組成。意思就是「具有不同翅膀的昆蟲」。的確，如果我們觀察異翅亞目的昆蟲，牠們的前翅在昆蟲中獨一無二。這種翅膀稱為「半翅鞘」，由兩個不同的部分組成，一部分厚實而韌性十足，另一部分則是薄如膜狀。

異翅亞目還有另一個特色，具有刺吸式口器。大多具有強而有力的針狀口器，像針一樣堅硬的吸管，可以刺穿植物或是死去的昆蟲來吸取汁液。當牠們不使用時，會收回腹部下方。

根本不用找，到處都有牠們的蹤影！

世界上大約有 40,000 種異翅亞目昆蟲。其中最著名的，當屬椿象這位「超級冠軍」。但若是將這一群昆蟲簡化到只剩下椿象，那也是個錯誤。因為牠們的組成還有陸生、水生或半水生，這些非常有趣的昆蟲。不過有一點可以肯定的是，牠們無所不在！不信的話你可以去搖一棵樹、一叢灌木，或是去長得高高的草叢中用網子隨便撈一下，保證絕不會空手而歸。到了冬天在家裡找找，也總是能發現椿象的蹤跡。

不過話說回來，得預先警告一下：千萬不要捏死牠們，否則你會後悔的。

硬背圓龜椿象
Coptosoma scutellatum G.

溫帶床蝨
Cimex lectularius L.

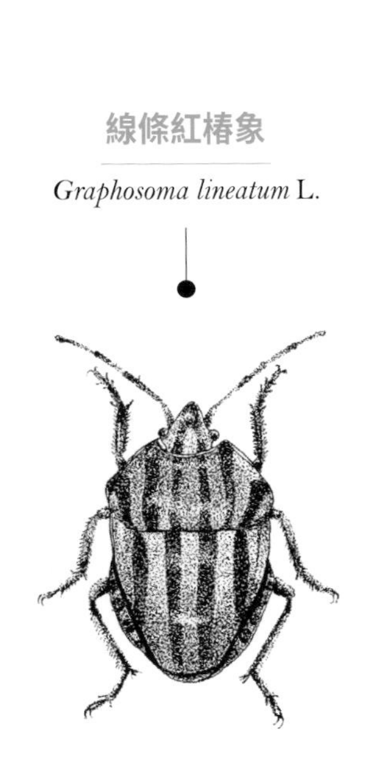

線條紅椿象
Graphosoma lineatum L.

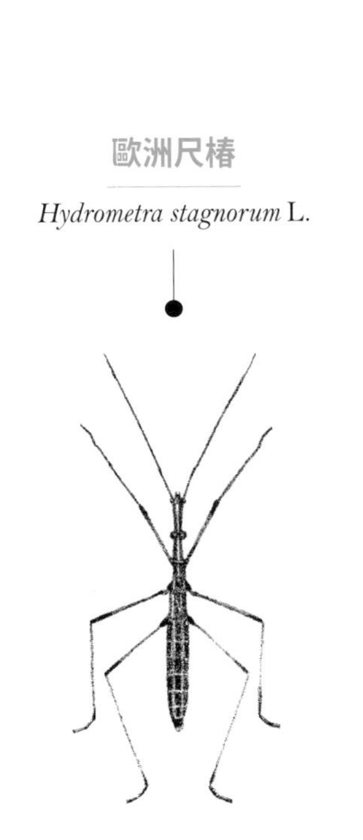

歐洲尺椿
Hydrometra stagnorum L.

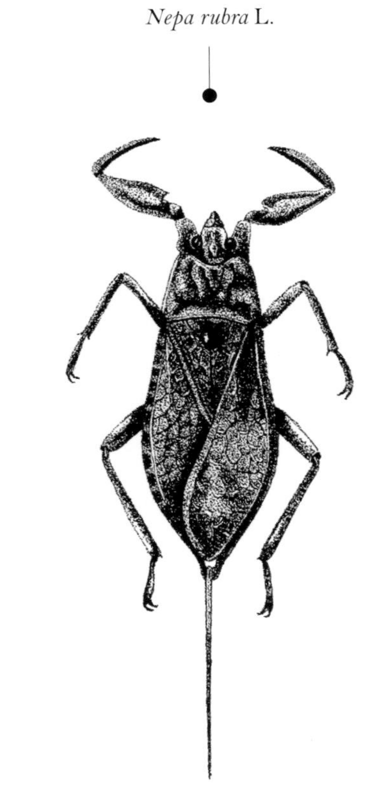

歐洲水蠍椿
Nepa rubra L.

好臭！

那椿象的惡名是從那裡來的呢？為了保護自己，某些椿象可能用刺和吸的方式來抵禦掠食者＊，不過牠們最常見的防禦手法則是氣味。當感受到威脅時，就會由成蟲胸部腹面或若蟲腹部背面的腺體開口釋放出濃烈的特殊氣味。對嗅覺敏感的鼻子來說，這種氣味可謂「恐怖」。但事實上，儘管我們不喜歡這種氣味，但相較於其他昆蟲那些更讓人痛苦的防禦手段，這已經算是無害的……

要特別注意的是，嚇跑掠食者並不是這些氣味的唯一功能。這些氣味還可以作為一種警報，用來召集若蟲聚集到成蟲身體下方，甚至可以作為一種性興奮劑。所以說啊，在自然界中什麼樣的品味都有！

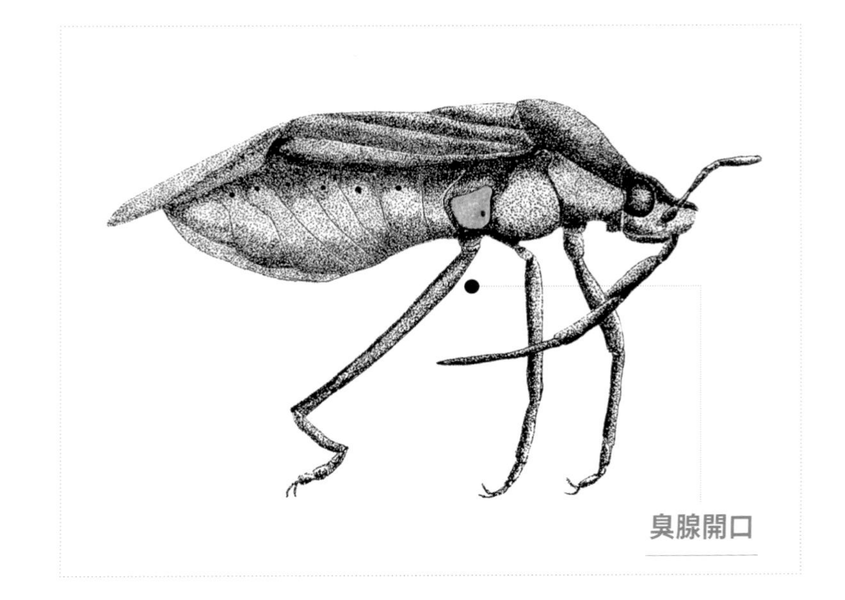

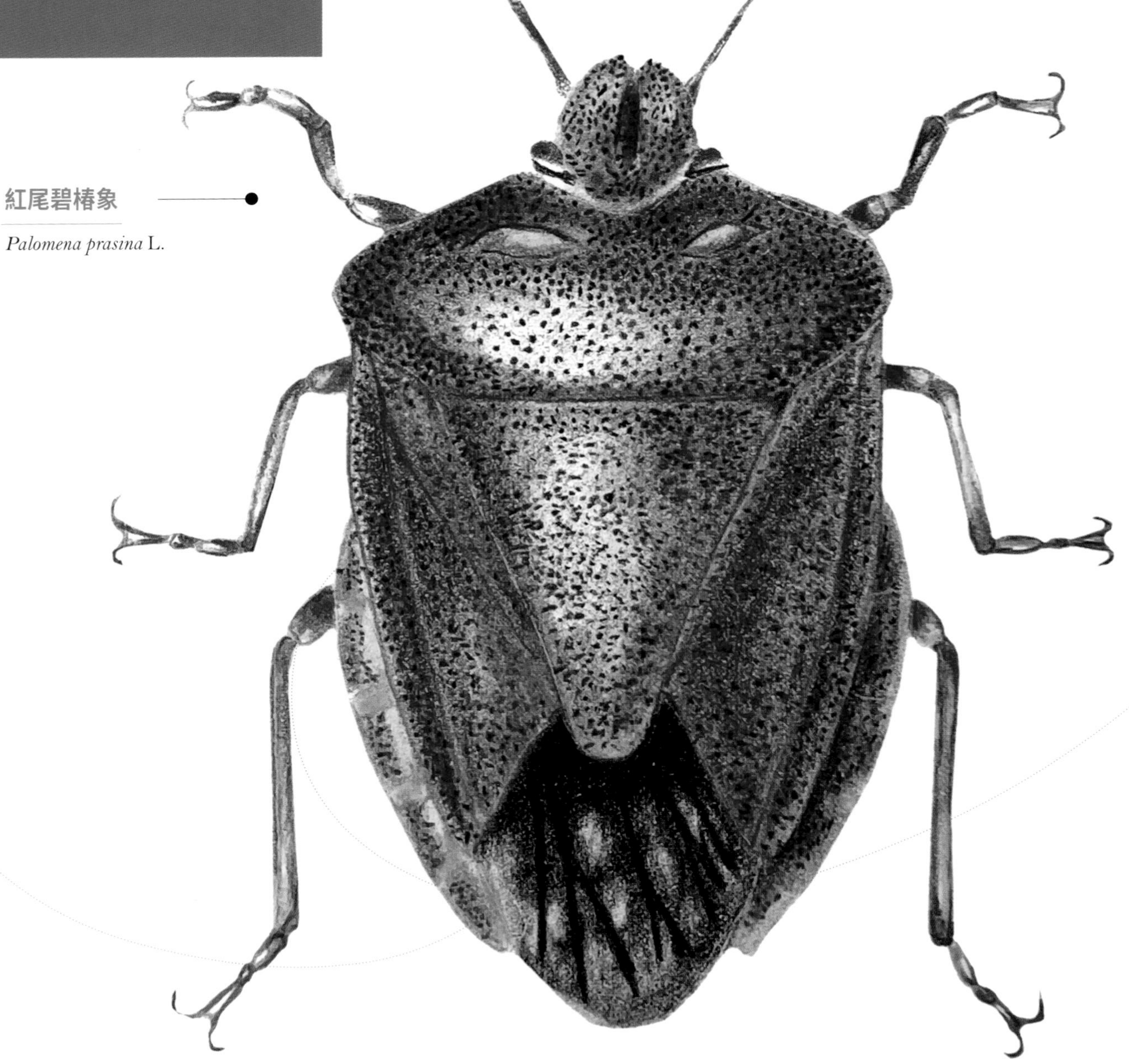

全都是破壞王，真的嗎？

異翅亞目的昆蟲是以刺吸式進食的昆蟲，屬於雜食性。牠們仰賴吸管狀的口器，以植物的汁液與種子的內容物為食。話雖如此，牠們並不會直接導致植物死亡。因為牠們也大量捕食毛毛蟲、蚜蟲和蟎類，這些才是讓植物死亡的元凶。

不過，在食物鏈中，異翅亞目的昆蟲也是許多掠食者 * 不可或缺的獵物，如寄生蠅、歐洲鴝和鼩鼱等，甚至會被其他椿象捕食。這些肉食性椿象能保護果園免於蟲害，也稱為農作物的益蟲 *。例如芬蘭盲椿象（*Stethoconus cyrtopeltis*）會捕食危害果園的梨冠網椿象（*Stephanitis pyri*）。其實，大自然有動態平衡機制，不要過度干預，生態系能自行維持穩定。

警察來了，大家散開！

椿象當中最容易觀察的是無翅紅椿象（*Pyrrhocoris apterus*）。有些昆蟲沒有什麼別稱，但無翅紅椿象卻有許多別名：中午蟲、火身臭蟲、衛兵……不過目前最讓我們感興趣的是「衛兵」這個名號。此名稱源自 18 世紀，路易十五時期橘紅色和黑色搭配的衛兵制服。

花園裡有衛兵總是一件好事！牠們就屬於益蟲 *，也是園丁的寶貴幫手，有助於消除專吃蔬菜的害蟲。無翅紅椿象確實會吃小型昆蟲，如蚜蟲和介殼蟲，也會捕食卵和幼蟲 *，進而抑制其繁殖。此外，無翅紅椿象也是腐食者，相當有助於分解昆蟲的屍體。

孵化後
聚集在一起的
若蟲

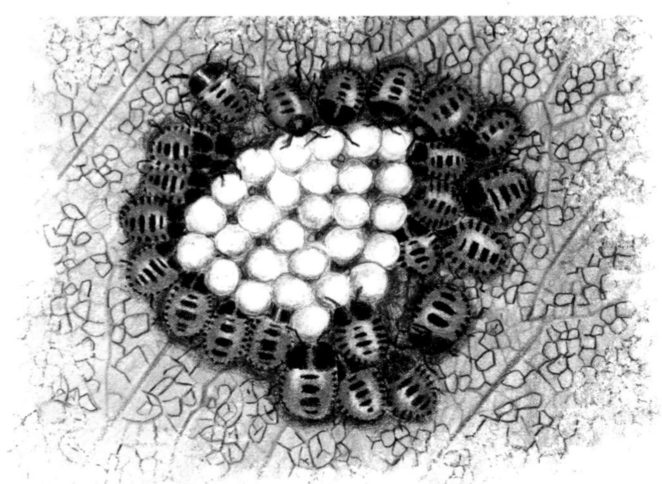

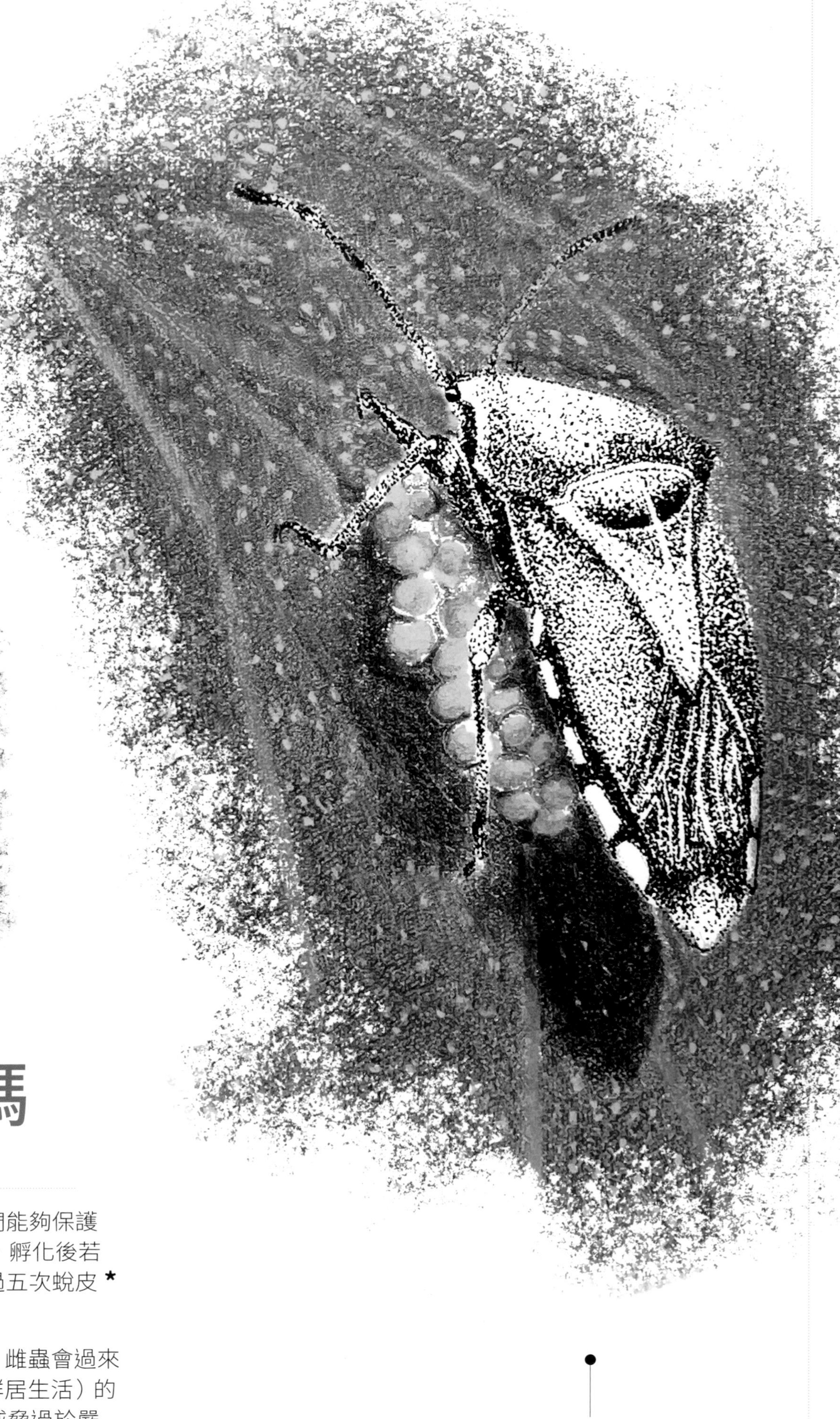

呵護備至的媽媽

椿象每年繁殖一至兩次，產卵數不會超過牠們能夠保護的範圍，大約是 40 至 60 粒。卵會同時孵化，孵化後若蟲的顏色和形狀與成蟲相去甚遠。若蟲須經過五次蛻皮 * 才能成為具有繁殖力的成蟲 *。

若蟲會緊貼著彼此聚在一起。一旦遇到危險，雌蟲會過來覆蓋在若蟲身上，這一點在非社會性（不是群居生活）的昆蟲中是極為罕見的行為。如果掠食者 * 的威脅過於嚴重，雌蟲就會採取威嚇行為。在極端的情況下，甚至可以從胸部下方的腺體釋放帶有惡臭的分泌物。一般來說，雌蟲的保護行為約維持兩週，但也有觀察到雌蟲保護三齡、甚至四齡若蟲的行為。此時的場面頗為有趣，因為雌蟲的身體已經無法完全覆蓋若蟲。只能說對有些母親而言，割捨母子情還挺困難的（註：這樣的護幼行為只見於部分種類的椿象）！

雌蟲的
護幼行為

交配中的

線條紅椿象

一種頗為獨特的繁殖方式

椿象有許多特色，包括繁殖方式。牠們的交配是以尾對尾的姿勢進行，而且可以持續超過二十四小時。觀察起來還挺滑稽的，因為椿象能維持交配姿勢並移動，通常是雌蟲拖著雄蟲四處活動。牠們能保持姿勢是拜生理構造所賜，因為生殖器官具有特殊的球狀抱握器，類似於拖車掛鉤的設計，使得雙方能牢牢結合在一起。

昆蟲知識快問快答

你對異翅亞目昆蟲的理解是否已經無懈可擊了？

1 異翅亞目昆蟲的名稱由來為何？

- ☐ 牠們貌似直升機的外形
- ☐ 牠們身體的硬度
- ☐ 牠們的翅膀由兩個不同的部分組成

2 異翅亞目的昆蟲有多少種？

- ☐ 4,000 種
- ☐ 40,000 種
- ☐ 400,000 種

3 異翅亞目有什麼獨特之處？

- ☐ 牠們是刺吸式口器的昆蟲
- ☐ 牠們是刺式口器的昆蟲
- ☐ 牠們是吸式口器的昆蟲

4 讓牠們得以進食的器官是什麼？

- ☐ 叉子
- ☐ 刺吸式口器
- ☐ 吸管

5 當椿象感到自己有危險的時候會做什麼？

- ☐ 牠會散發出令人作噁的氣味
- ☐ 牠會大叫
- ☐ 牠會偽裝

6 會消滅花園裡害蟲的昆蟲叫做什麼？

- ☐ 綠巨人
- ☐ 益蟲
- ☐ 終結者

7 無翅紅椿象的衛兵名號是從何而來？

- ☐ 牠的身上畫著一個警察的頭像
- ☐ 牠會要大家散開
- ☐ 來自於路易十五的衛兵制服顏色

8 以其他昆蟲的屍體為食的昆蟲稱為？

- ☐ 食腐昆蟲
- ☐ 植食昆蟲
- ☐ 食屍昆蟲

9 椿象如何對待牠的若蟲？

- ☐ 牠會保護若蟲
- ☐ 牠會拋棄若蟲
- ☐ 牠會吃掉若蟲

10 椿象交配的特性是什麼？

- ☐ 牠們會尾對尾交配
- ☐ 雌蟲會爬到雄蟲身上
- ☐ 牠們會把頭靠在一起

正確答案

1. 牠們的翅膀由兩個不同的部分組成 2. 40,000 種 3. 牠們是刺吸式口器的昆蟲 4. 刺吸式口器 5. 牠會散發出一種令人作噁的氣味 6. 益蟲 7. 來自於路易十五的衛兵制服顏色 8. 食腐昆蟲 9. 牠會保護若蟲 10. 牠們會尾對尾交配

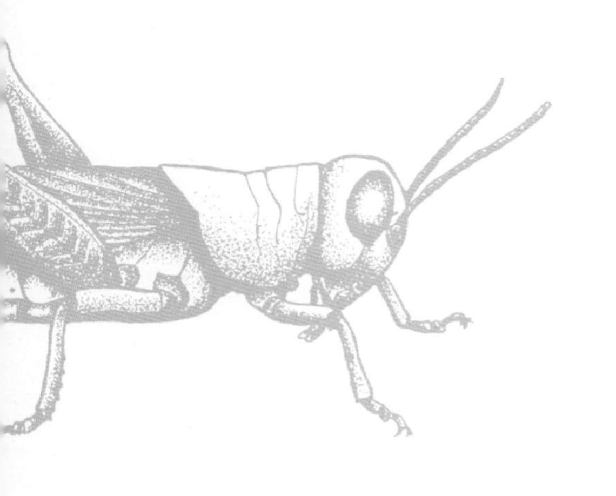

直翅目
草地四重奏
螽斯、蟋蟀、蝗蟲與螻蛄

跳躍是為了逃避掠食者

世界上大約有 22,000 種直翅目昆蟲。在我們觀察這些昆蟲並試圖捕捉牠們時，最能引起注目的是牠們發達的後足。修長的後足讓多數種類的直翅目昆蟲可以跳躍移動或是迅速逃離掠食者 *。然而，這一點卻不是昆蟲學家 * 所認定的最主要特徵。「直翅目」這個詞源自於古希臘文中 ὀρθός「Ortho」的意思是「直的」，πτερόν「Pteron」的意思是「翅膀」。昆蟲學家把蝗蟲、螽斯、蟋蟀和螻蛄一起歸類在這個分類之下，因為牠們的翅膀與身體呈直線排列。

所以到底誰是誰呢？

直翅目大致可分為四個大類。首先是蟋蟀和螽斯，牠們的觸角較長，而且雌蟲的腹部末端有一個長管狀器官稱為產卵管，可以將卵產在土裡……另一類則是蝗蟲，牠們的特徵完全相反。牠們的觸角又短又小，而且產卵管也非常短。然後還有螻蛄，外觀就像是某種介於蟋蟀和鼴鼠之間的混合生物。

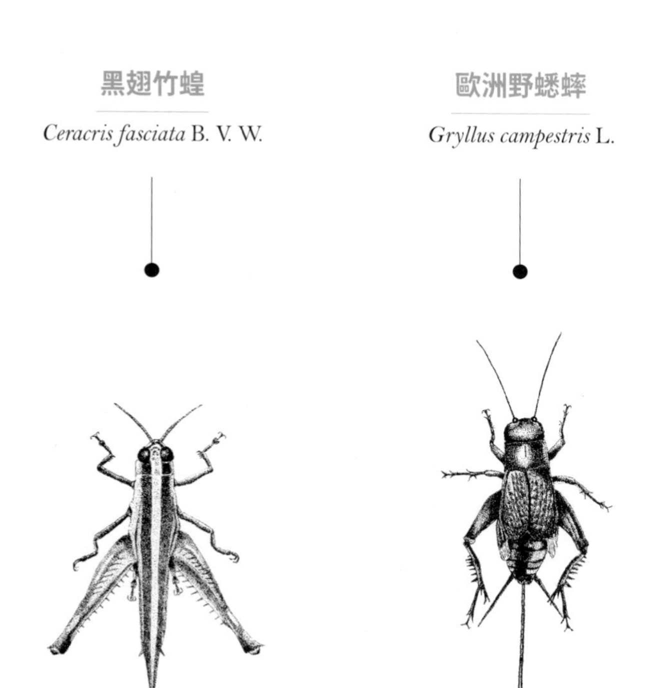

黑翅竹蝗
Ceracris fasciata B. V. W.

歐洲野蟋蟀
Gryllus campestris L.

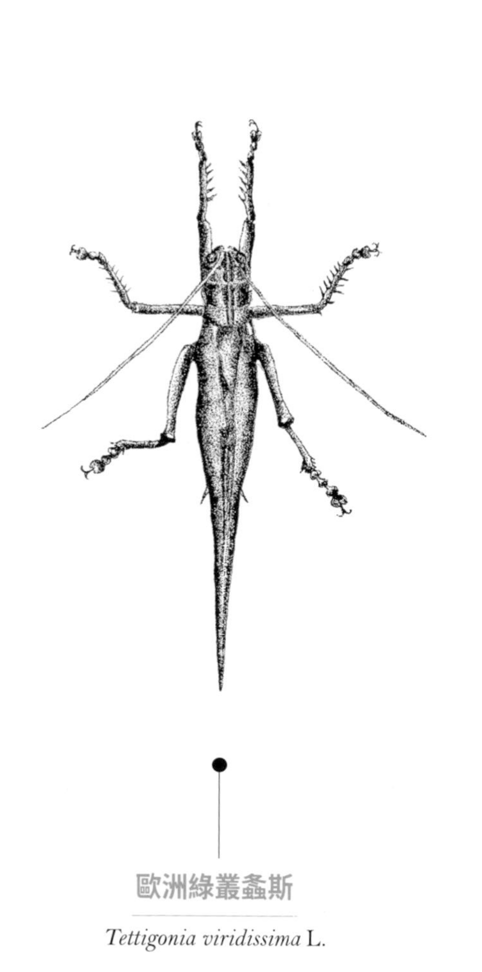

歐洲綠叢螽斯
Tettigonia viridissima L.

歐洲螻蛄
Gryllotalpa gryllotalpa L.

繁殖，是一個關「包」的傳奇故事！

許多螽斯在交配過程中，雄蟲會在雌蟲生殖器開口處放置一個稱為「精包 *」的凝膠狀小囊，它的功能是傳遞精子 *。「精包」由兩個部分組成，分別是體積小且內部存有精子的「精壺」，以及體積大而主要由蛋白質構成，其內卻不含精子的「精葉」。

在交配後，雌蟲會開始取食精包。一般會先從「精葉」開始吃，由於食用的過程會耗費不少時間，此時「精壺」中的精子便得以把握時間，緩慢進入雌蟲體內。同時精葉就如同聘禮，其所含的成分也能夠提供雌蟲營養，讓成功受精 * 的卵比例提升，促進繁殖的成功率。

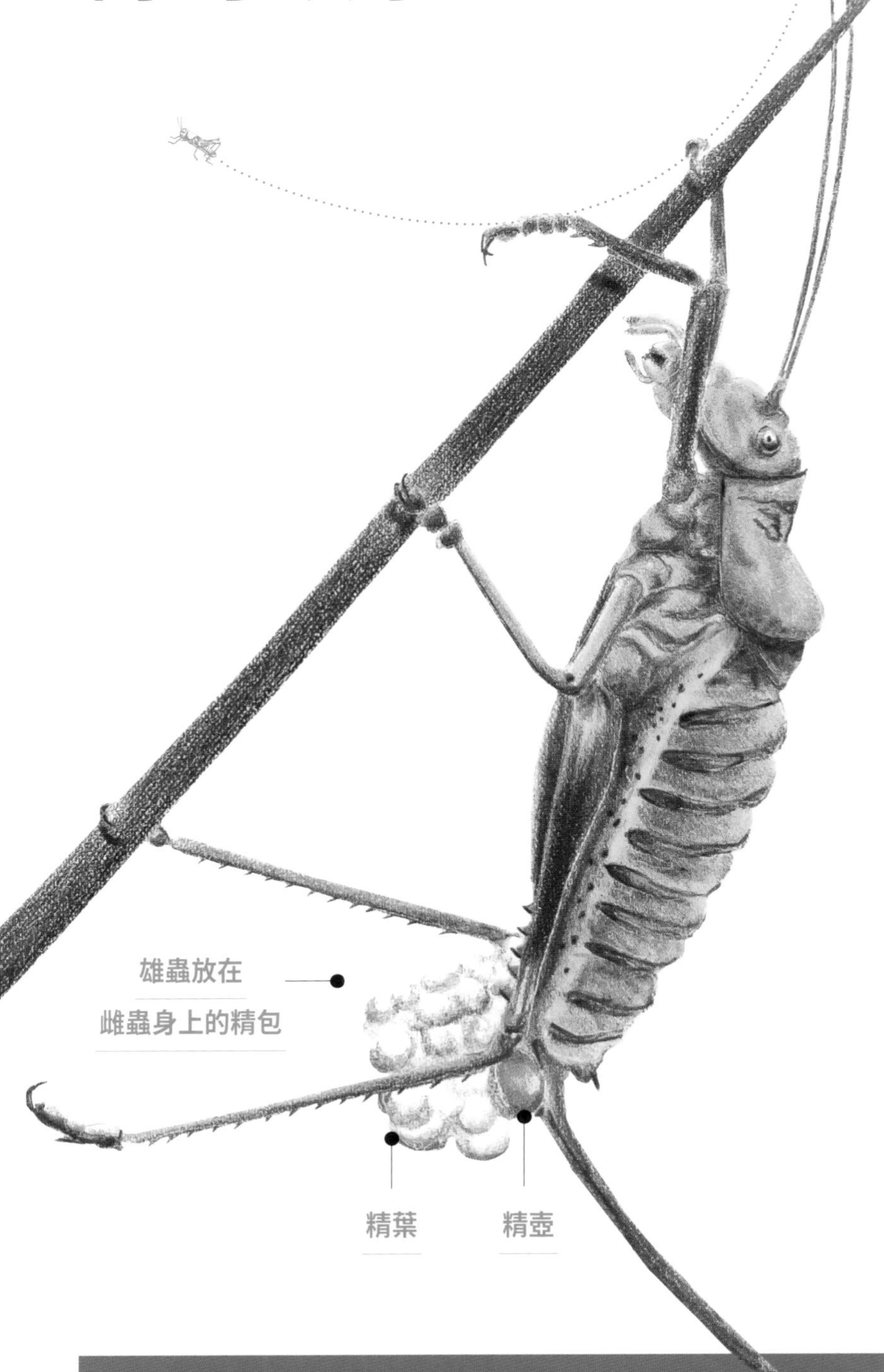

從小小隻變成很大隻……

在受精 * 幾天後，許多直翅目昆蟲會把卵產在土裡。這是非常有效的保護方法。當若蟲 * 孵化時，外觀已經與成蟲相似，只是體型較小。不過，這個階段既不能繁殖，也無法飛行或鳴唱。牠們需要經歷數次的蛻皮 *，直到最後一次脫皮，也就是羽化 *，才能成為美麗的成熟個體，在昆蟲學中稱為成蟲 *，可繁殖與飛行，除了某些翅膀退化 * 的蟋蟀。

蝗蟲的發育階段

第1階段：孵化。

第2階段：尚無翅膀。觸角變長。

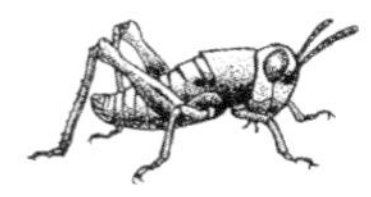

第3階段：翅膀開始發育。

第4階段

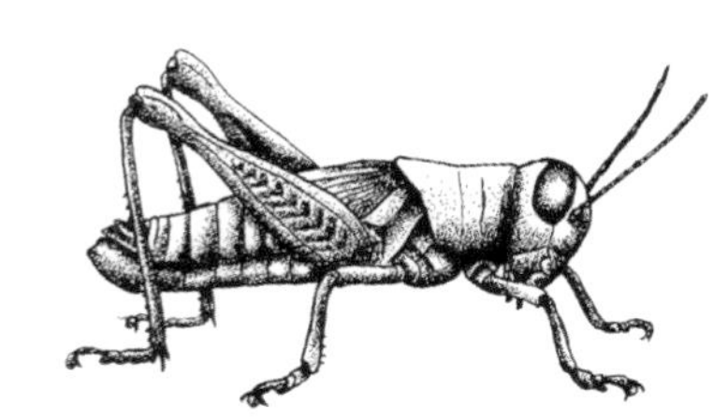

第5階段：外骨骼的生長。

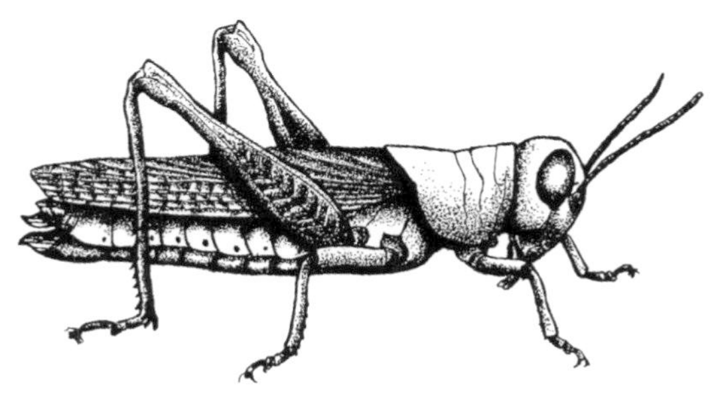

第6階段：成蟲。翅膀和腹部發育完全。生殖器官成熟。

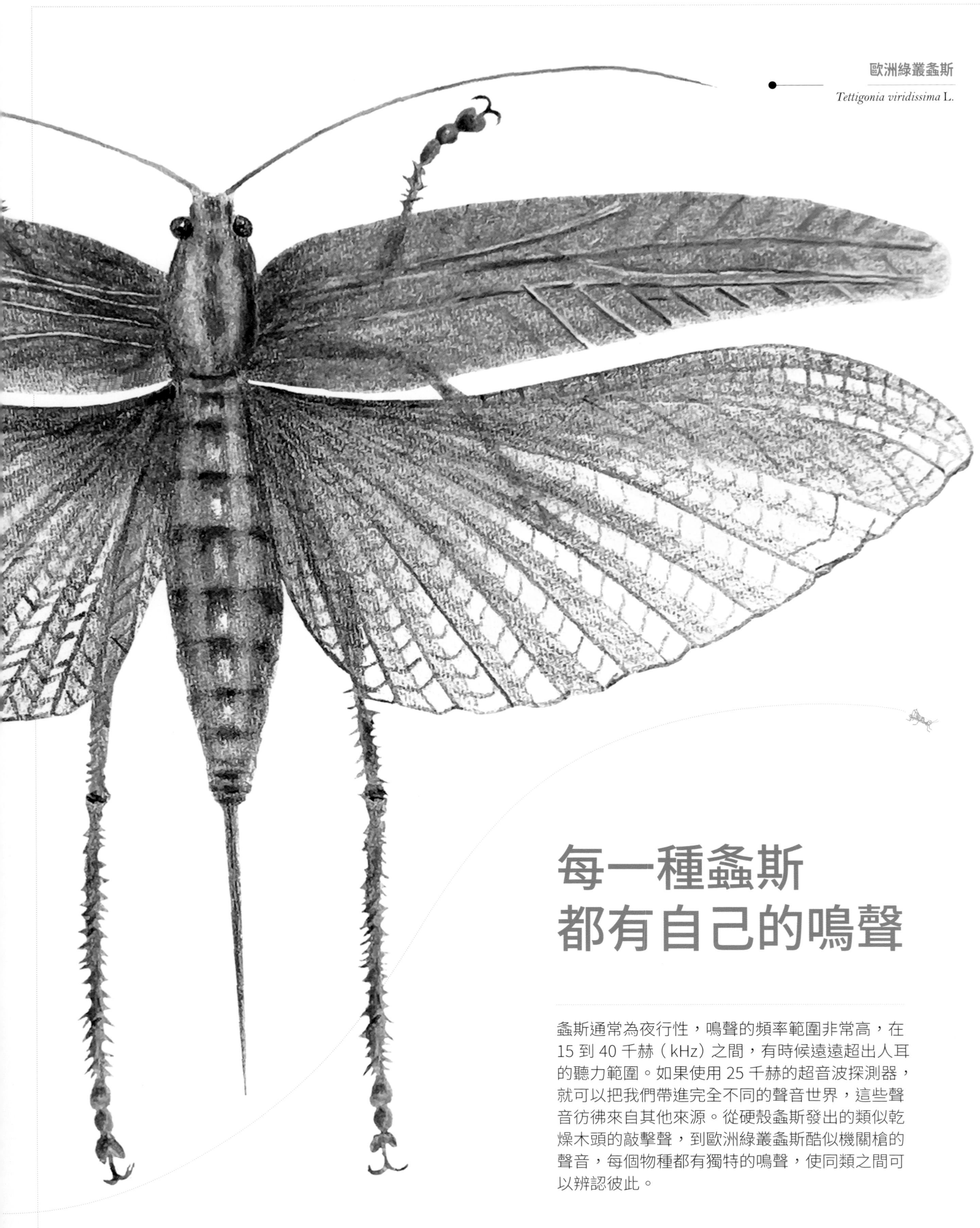

每一種螽斯都有自己的鳴聲

螽斯通常為夜行性，鳴聲的頻率範圍非常高，在15 到 40 千赫（kHz）之間，有時候遠遠超出人耳的聽力範圍。如果使用 25 千赫的超音波探測器，就可以把我們帶進完全不同的聲音世界，這些聲音彷彿來自其他來源。從硬殼螽斯發出的類似乾燥木頭的敲擊聲，到歐洲綠叢螽斯酷似機關槍的聲音，每個物種都有獨特的鳴聲，使同類之間可以辨認彼此。

實力派音樂家

直翅目昆蟲透過摩擦發出聲音，有好幾種目的：宣示領域、發出警告，或是求偶繁殖。其中的兩類發聲方式就有所不同。蟋蟀和螽斯只有雄蟲會摩擦翅膀來發出聲音。蝗蟲則是以令人難以置信的速度，用後腿摩擦翅膀，類似小提琴手拉弓演奏。這樣就不難理解，迪士尼電影《木偶奇遇記》，將吉米尼蟋蟀放在小提琴上演奏。某些種類的雌蟲也會發聲。至於螻蛄，牠的發聲方式類似螽斯和蟋蟀，特別之處是，牠會利用自己的地道作為共鳴箱。據說這樣發出的聲音，完美程度可以媲美頂級音箱！

直翅目昆蟲的發聲機制

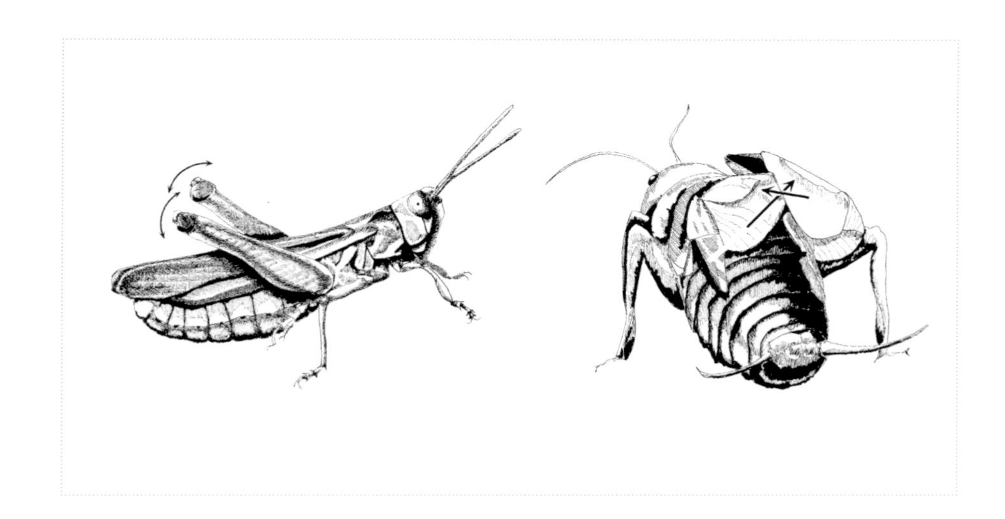

歐洲螻蛄

Gryllotalpa gryllotalpa L.

結結實實的鑽孔機！

螻蛄就像是鼴鼠和蟋蟀結合的複合生物。牠幾乎看不見，不過多虧那一對大得不成比例的前足，使螻蛄成為一具力大無窮且不知疲倦的挖掘機器：就像鼴鼠一樣，會挖掘地道。還很有先見之明的會在隧道最深處設置一口井，以免下雨時被淹死。然而，大家別搞錯了，螻蛄能在水窪或水池中輕鬆游泳，而且還會飛呢！不過螻蛄有點算是園丁的眼中釘，因為螻蛄會啃食蔬菜的根，於是人類發明許多愈來愈野蠻的方法消滅螻蛄。可是螻蛄其實也是園藝的重要幫手啊， 因為牠會大快朵頤地吃掉金龜子的白色幼蟲，與各種蝸牛和蛞蝓，這些生物也會對菜園造成極大的破壞。

活像一部恐怖片

對直翅目昆蟲來說，好好生存也不是件容易的事。因為周遭存在著許多掠食者 *：如歐亞角鴞、穗鵰和紅背伯勞等鳥類，牠們會把直翅目昆蟲刺穿在鐵絲網的尖刺上，作為儲備的蛋白質。但最令人印象深刻的掠食者，要屬泥蜂類的獨居蜂和穴蜂。當泥蜂發現蝗蟲或是螽斯時，會用自己的螫針，如外科手術般讓他們癱瘓。

接著，將獵物放進預先挖好的小洞，並在洞中產卵。等到若蟲 * 孵化，就會吞食這隻直翅目昆蟲。但獵捕的同時會保留獵物的重要器官，使其不至於立刻死亡，這樣才能確保有新鮮的食物供若蟲成長發育。對於直翅目昆蟲而言是相當悲慘的結局，但是對泥蜂的生存卻是必要的過程。這就是自然法則。

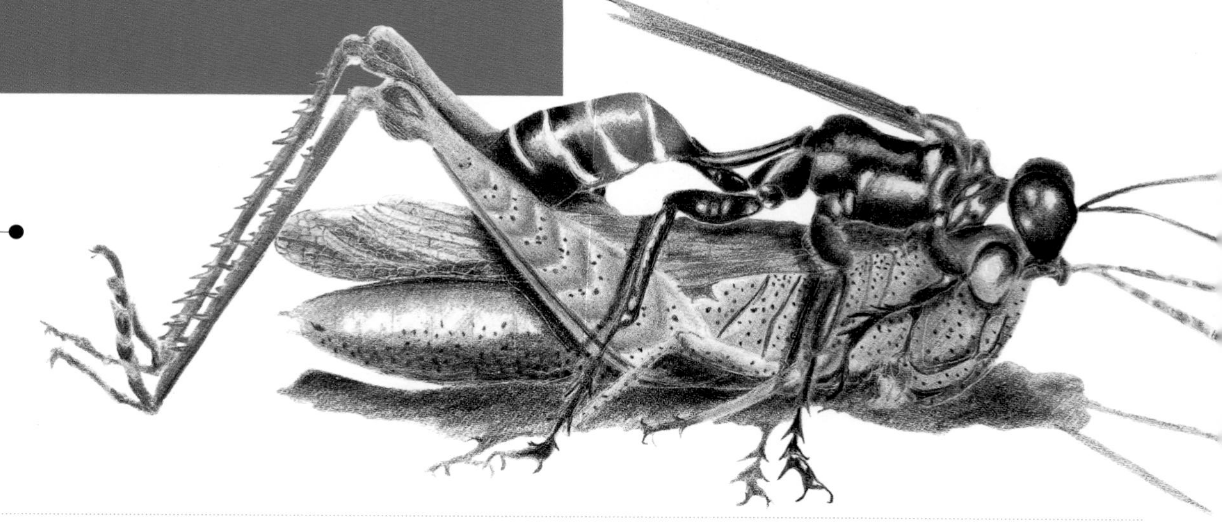

被困住的蝗蟲

圖1

圖2

自割 圖1–薄翅螳螂一動不動地等待著獵物。路過的蝗蟲根本沒發現自己已成為這個可怕掠食者的目標。螳螂會在電光火石之間捕捉並將獵物拉向自己。圖2–為了避免被吃掉，蝗蟲只能在不到一秒的時間內收縮某些肌肉，弄斷自己的腿讓牠得以脫身，可是會終生殘疾。

一種令人驚訝的防禦手段：自割

直翅目昆蟲很容易被捕食，因此發展出一種無懈可擊的防禦手段，稱為「自割 *」：透過猛烈地收縮肌肉，造成其中一隻腿脫離，這是讓自己擺脫掠食者 * 的最終手段。這真的是一項激進的防禦武器，因為這樣一來會終生殘疾，那隻腿再也不會長出來了。

所以，就算你很喜歡把直翅目昆蟲抓起來放進盒子裡觀察，也請避免抓牠們的腿，不然你就會發現，牠們會「喀噠」一下讓腿脫落。還有，當你在觀察之後請不要忘記釋放牠們。跟所有人一樣，牠們也不喜歡被打擾！

歐洲野蟋蟀，你在哪裡啊？

為了建造大面積的商業與住宅區、道路，還有停車場，造成草地大幅消失，歐洲野蟋蟀也因此變得愈來愈少了。根據統計，在法國每年消失的自然棲地面積，大約相當於三萬五千座足球場，等於是每天消失95 座足球場！真是太驚人了！

然而我們還沒有失去一切。要讓蟋蟀回來的最好方法，就是在花園中留下大片的自然棲地，讓草和石頭成為直翅目昆蟲的棲地，可以覓食、繁殖並躲避掠食者的威脅。我們可以確定的是，只要有一點耐心，就能再次觀察到牠們！

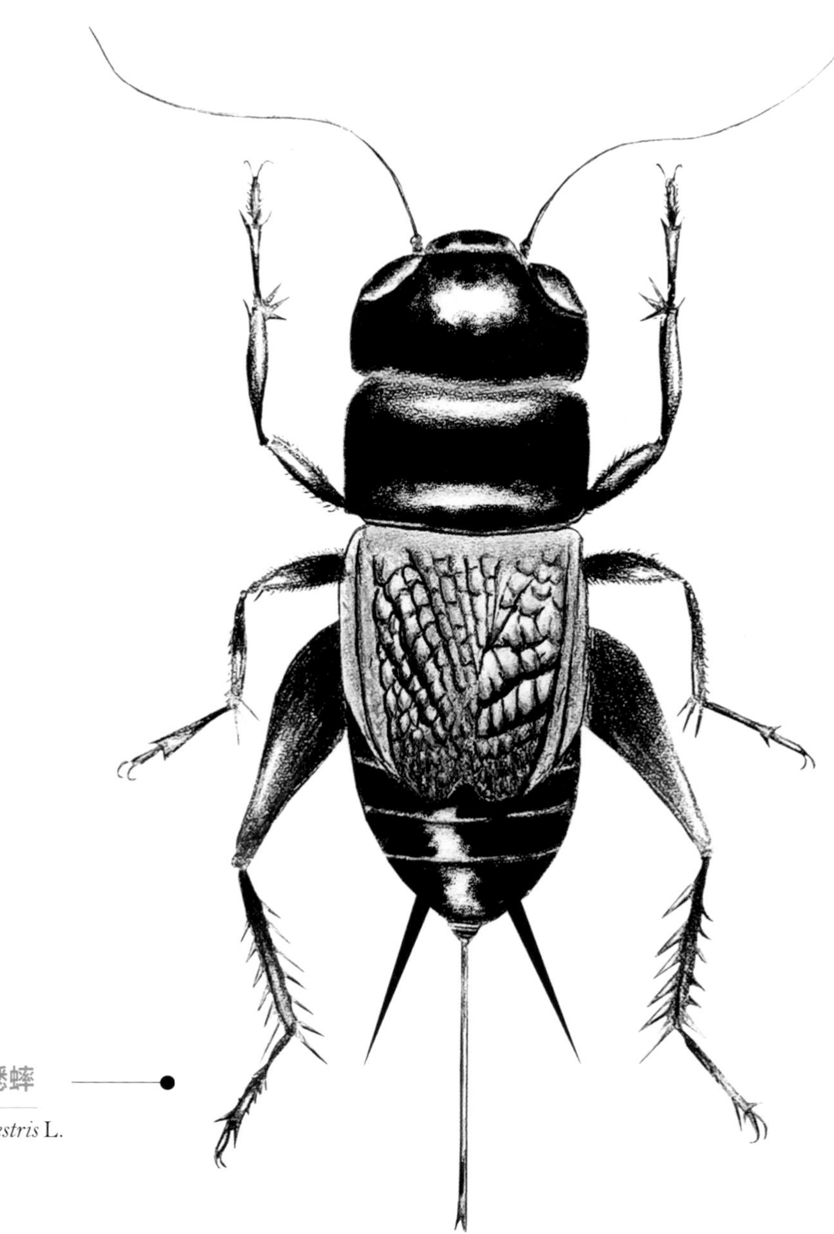

歐洲野蟋蟀

Gryllus campestris L.

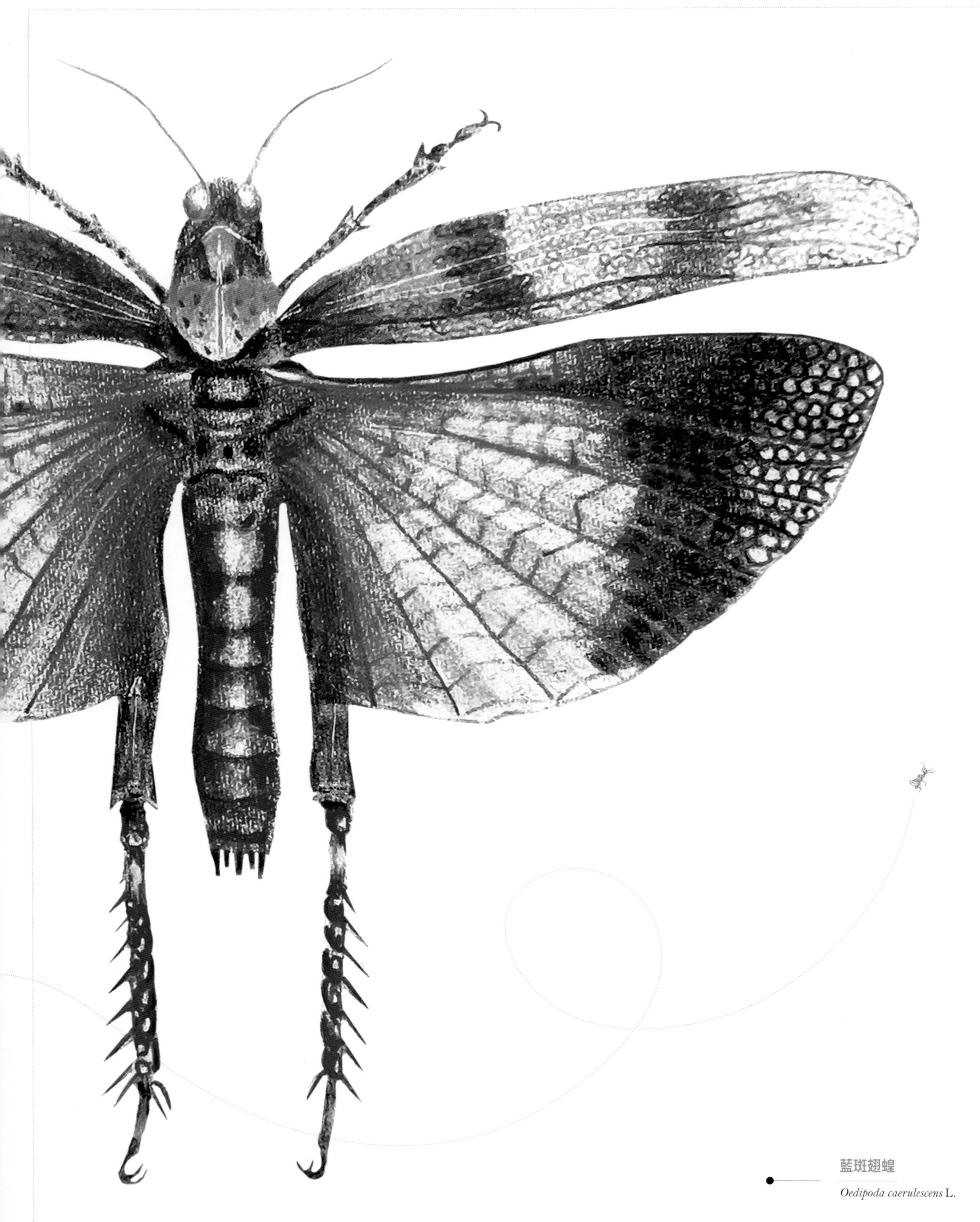

藍斑翅蝗

Oedipoda caerulescens L.

昆蟲知識快問快答

你對直翅目昆蟲的理解是否已經無懈可擊了？

1 螽斯、蟋蟀、蝗蟲和螻蛄所屬的目是什麼？

- ☐ 膜翅目
- ☐ 蜻蛉目
- ☐ 直翅目

2 讓直翅目昆蟲可以在土裡產卵的器官是什麼？

- ☐ 產卵管
- ☐ 幽浮
- ☐ 打洞器

3 以下哪類昆蟲中，較容易發現翅膀退化而缺乏飛行能力的個體？

- ☐ 螽斯
- ☐ 蟋蟀
- ☐ 蝗蟲

4 直翅目昆蟲發出的聲音稱為什麼？

- ☐ 嗡嗡聲
- ☐ 吼聲
- ☐ 摩擦聲

5 螻蛄被比喻為什麼？

- ☐ 大象
- ☐ 挖土機
- ☐ 鼴鼠

6 下列這三類生物當中，直翅目昆蟲最害怕哪一類？

- ☐ 泥蜂
- ☐ 蜘蛛
- ☐ 蛇

7 昆蟲自割是指什麼？

- ☐ 懂得駕駛
- ☐ 為了逃離掠食者，會讓自己的某個肢體脫離
- ☐ 會用空手道的招數殺死掠食者

8 在哪裡可以找到大量的直翅目昆蟲？

- ☐ 大片的草原中
- ☐ 山上
- ☐ 浮冰上

9 歐洲綠叢螽斯的歌聲聽起來像什麼？

- ☐ 彈手指的聲響
- ☐ 小提琴
- ☐ 機關槍

10 世界上有多少種直翅目昆蟲？

- ☐ 2,200 種
- ☐ 22,000 種
- ☐ 220,000 種

正確答案

1. 直翅目 2. 產卵管 3. 蟋蟀 4. 摩擦聲 5. 鼴鼠 6. 泥蜂 7. 為了逃離掠食者，會讓自己的某個肢體脫離 8. 在大片的草原中 9. 機關槍 10. 22,000 種

蜻蛉目
美麗優雅的水仙子

蜻蜓與豆娘

蜻蜓還是豆娘？

在蜻蛉目的家族中，有蜻蜓和豆娘。該怎麼區分呢？非常簡單：蜻蜓停棲時，翅膀大多是攤開平展的，豆娘停棲時翅膀則是會豎起。雖然這些昆蟲的名稱在法文都是陰性，但這樣並不表示這個家族的昆蟲只有雌性。當然也有雄性！

世界上大約有 6,000 種不同的蜻蛉目昆蟲，在法國有 92 種（在台灣約有 157 種蜻蛉目昆蟲）。體型最小的蜻蛉目昆蟲體長只有 2 公分，翼展 *2.5 公分。而體型最大的則是帝王偉蜓（*Anax imperator* L.），牠的翼展將近 11 公分。

蜻蜓

豆娘

史前蜻蜓

3 億年前，人類出現之前，甚至連恐龍都還沒出現，曾經存在著一種巨大的蜻蜓。牠的名字叫做巨脈蜻蜓（*Meganeura monyi*），翼展達 75 公分（相當於人類手臂的長）。如今這種蜻蜓已經滅絕，不過卻給了寶可夢作者靈感，創造出「遠古巨蜓」這隻寶可夢（註：事實上巨脈蜻蜓在分類上屬於「巨蜻蛉目」，已在二疊紀時消失，並非真正的蜻蜓。）！

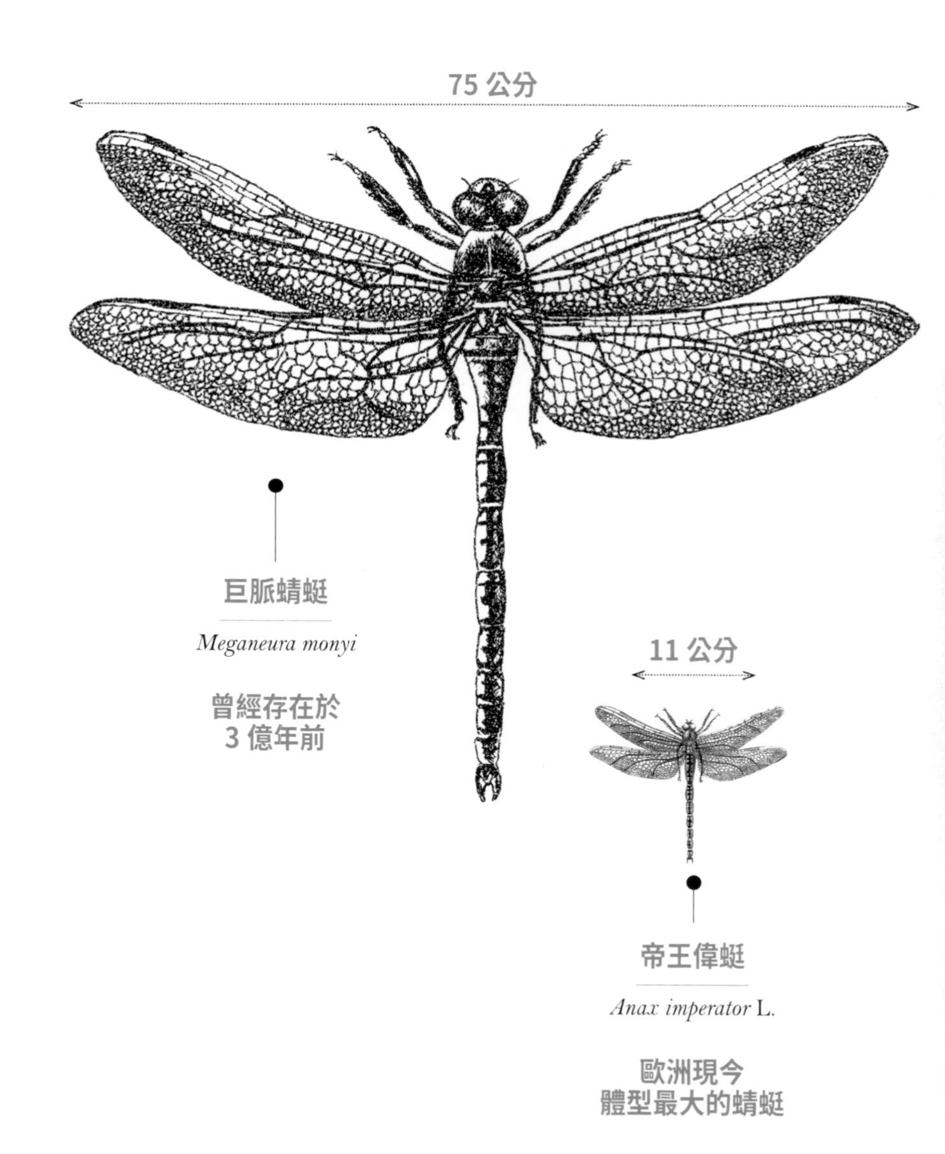

交配，宛如軟骨功特技表演

每一種昆蟲都有自己的交配方式，可是蜻蛉目昆蟲的交配方式特別有創意又多采多姿。通常是在停棲時交配，不過也會在飛行中進行，雄蟲會用腹部末端的攫握器抓住雌蟲的頭部。

至於雌蟲則會捲曲身體，把生殖器與雄蟲的生殖器結合。這種特技的交配方式稱為「交配輪」或「愛心形交配」。親眼見到時真的覺得很不可思議。看起來很像一顆長了四片翅膀的愛心！

蜻蜓產卵

交配時的豆娘

冒著生命危險的產卵

蜻蛉目昆蟲的成蟲不會游泳。然而，牠們卻必須盡可能的靠近水，因為牠們的幼蟲 * 得待在水中才能夠生存。為了避免產卵時溺水，蜻蛉目昆蟲會試著尋找貼近水面的支撐物，像是樹枝或草桿。有時候，在水面上懸停飛行時，會像活塞，反覆將腹部沉入水中，在水中產下約 600 粒卵。

圖 圖1–稚蟲發現了獵物：一隻蝌蚪。圖2–稚蟲移動並且將口器彈射出去，速度快到蝌蚪根本來不及脫逃。圖3–太遲了，蝌蚪已被夾在兩支強而有力的鉤爪當中，根本沒時間搞清楚究竟發生了什麼事。稚蟲只需要收折口器，就可以把獵物拉向大顎並接著啃食。

蜻蜓的稚蟲彈射口器，
不給獵物留下任何脫逃的機會

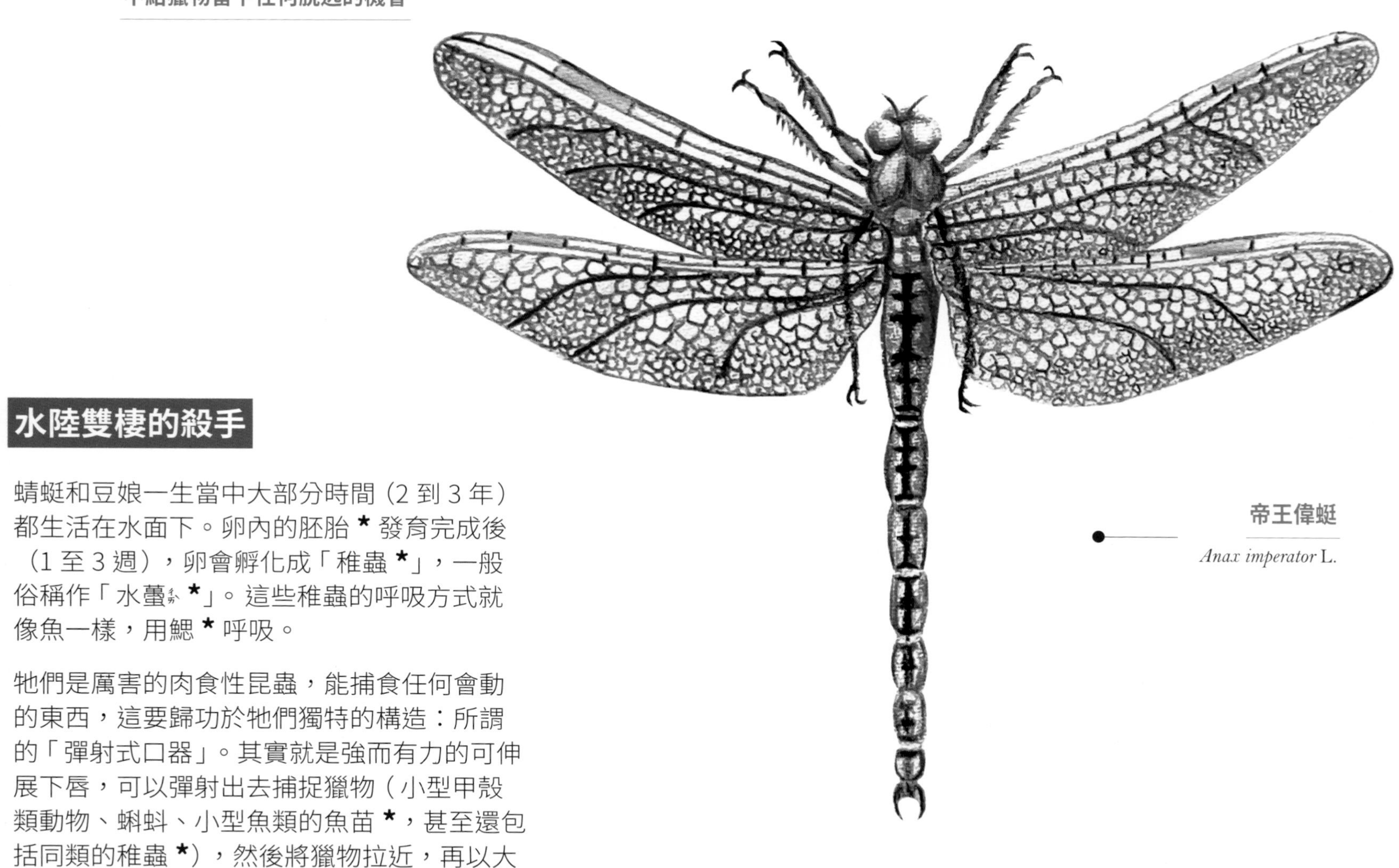

帝王偉蜓
Anax imperator L.

水陸雙棲的殺手

蜻蜓和豆娘一生當中大部分時間（2 到 3 年）都生活在水面下。卵內的胚胎 * 發育完成後（1 至 3 週），卵會孵化成「稚蟲 *」，一般俗稱作「水蠆 *」。這些稚蟲的呼吸方式就像魚一樣，用鰓 * 呼吸。

牠們是厲害的肉食性昆蟲，能捕食任何會動的東西，這要歸功於牠們獨特的構造：所謂的「彈射式口器」。其實就是強而有力的可伸展下唇，可以彈射出去捕捉獵物（小型甲殼類動物、蝌蚪、小型魚類的魚苗 *，甚至還包括同類的稚蟲 *），然後將獵物拉近，再以大顎啃食。這裡的樣子跟蜻蜓天真無邪的形象還真是相差甚遠啊。

最終極的蛻變

水面下的生活就是一場為了進食與成長而不斷的捕獵。在經過連續的蛻皮 * 後，稚蟲 * 的體型從非常小的幾公釐成長到幾公分。在最後一次脫皮時，會發育出在空中生活所需要的器官，而在水下生活不可或缺的器官則會退化 *，如彈射式口器。這是一去不復返的時刻。

稚蟲通常會先爬上水生植物的枝條，接著成蟲爬出舊的外殼，開始伸展全新的軀體。經由自身體液（血淋巴 *）壓力的作用，翅膀逐漸伸展定型，此時牠的體型會顯得比稚蟲時期還要大上不少。這場不同凡響的羽化 * 過程，從水棲性的稚蟲，蛻變成離水生活的成蟲，大約要歷時 1 ～ 2 個小時。

瀕危物種

大家必須知道，在法國有超過 20 種的蜻蛉目昆蟲正面臨滅絕的威脅。這些威脅可能是間接的，例如牠們的棲息地因人類的建設或水汙染而被破壞或改變；也可能是直接的，像是引進螯蝦或鯉魚等外來入侵種，這些外來種繁殖迅速，而且會大量捕食幼蟲 *。

有些豆娘像是天藍細蟌已經被列為保育類。不可以捕捉，更不可以做成標本。2011 年法國制定了一個名為「蜻蛉目昆蟲保育行動」的國家行動計畫。這個計畫的參與者包括科學家與政治人物，訴求是保育蜻蛉目昆蟲並保留牠們的棲地。2020 年時，法國昆蟲及其環境辦公室（OPIE）受到大家的託付，從 2020 年到 2030 年這段期程，制定了更完善的新計畫，這點非常鼓舞人心！

靠自己的能力單飛

「不要以貌取人。」說到這個，我們千萬別相信外表。這些外貌優雅的昆蟲，其實也是可怕的掠食者 *。牠們擁有超級有力的咀嚼式口器，每天可以吞掉超過 100 隻昆蟲。而牠們最喜歡的食物是雙翅目昆蟲，就是蒼蠅、虻、蚋等，尤其更喜歡蚊子。不過牠們偶爾也會捕食體型稍大的昆蟲，如蝴蝶。有時候甚至會捕食自己的同類！

牠們在陸地的生命短暫，所以過得非常緊湊充實。防衛領域、多次的求偶與交配、產卵、狩獵之間度過一生，到了秋天，牠們就會落得有點悲傷的狀態，疲憊不堪、翅膀被撕裂。最終牠們會在初霜降下時死亡，前提是如果沒有先被鳥、蜘蛛或毛氈苔（一種食肉植物）吃掉的話。

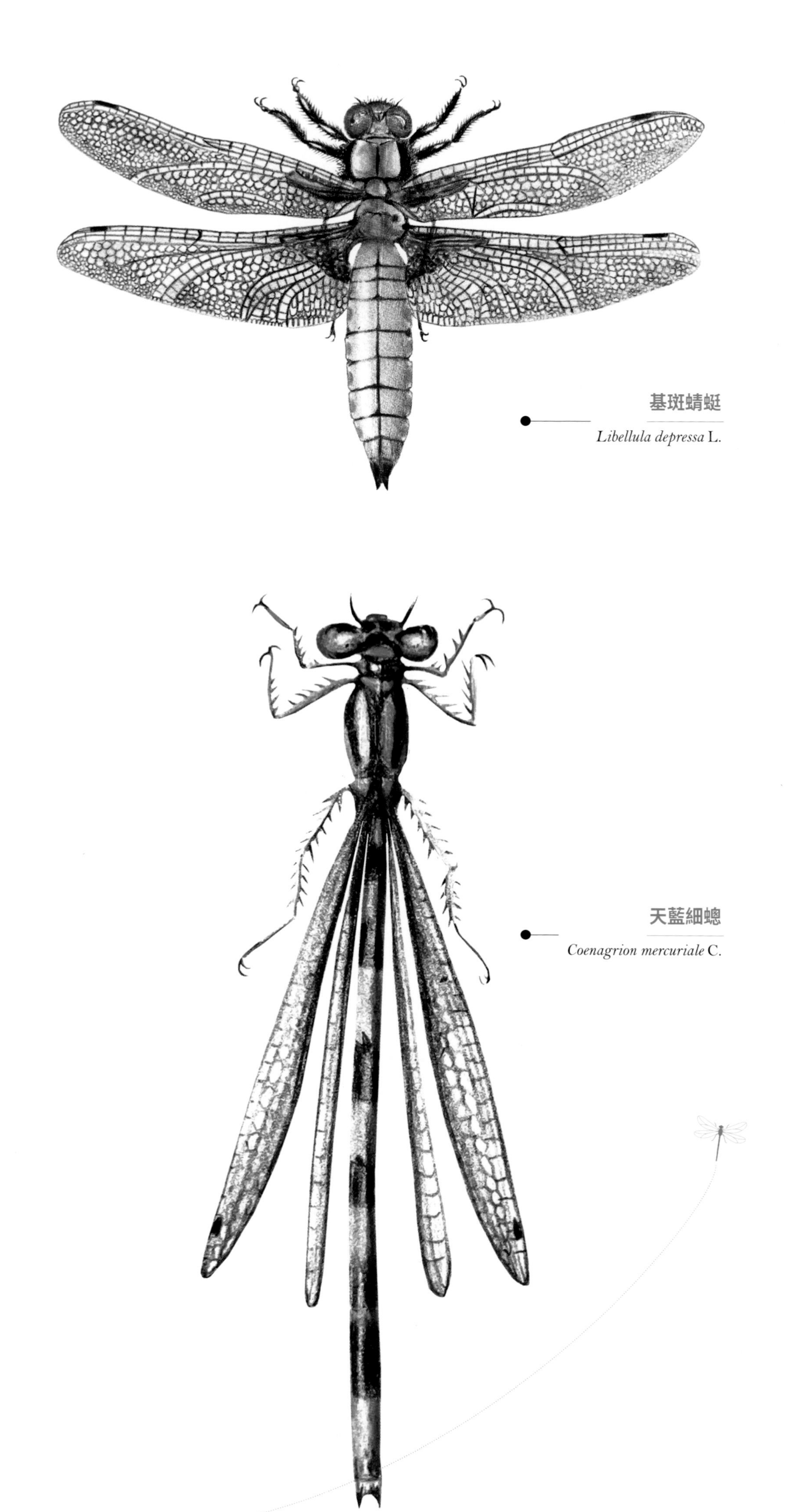

基斑蜻蜓

Libellula depressa L.

天藍細蟌

Coenagrion mercuriale C.

昆蟲知識快問快答

你對蜻蛉目昆蟲的理解是否已經無懈可擊了？

1　最古老的蜻蜓名稱為何？

☐ 遠古巨蜓
☐ 巨脈蜻蜓
☐ 基斑蜻

2　蜻蜓和豆娘歸屬的目是什麼？

☐ 直翅目
☐ 鞘翅目
☐ 蜻蛉目

3　歐洲體型最大的蜻蜓叫做什麼名字？

☐ 天藍細蟌
☐ 瓢蟲
☐ 帝王偉蜓

4　蜻蜓的稚蟲又稱什麼？

☐ 水蠆
☐ 一次蛻皮
☐ 魚苗

5　蜻蛉目昆蟲的幼蟲具有何種獨特的身體結構，讓牠們成為強大的掠食者？

☐ 口器
☐ 彈射式口器
☐ 鰓

6　我們如何稱呼蜻蛉目昆蟲的交配？

☐ 愛心形交配
☐ 地獄之輪
☐ 高超的特技飛行

7　蜻蛉目昆蟲在羽化的時候，注入牠們身體的液體名稱為何？

☐ 血液
☐ 油
☐ 血淋巴

8　蜻蛉目昆蟲的幼蟲會在水下生活多久？

☐ 2 到 3 天
☐ 2 到 3 個月
☐ 2 到 3 年

9　蜻蜓最喜歡的獵物是什麼？

☐ 蚊子
☐ 蝴蝶
☐ 蒼蠅

10　在法國有多少種的蜻蛉目昆蟲面臨瀕危威脅？

☐ 沒有任何一種
☐ 20 種
☐ 200 種

正確答案

1. 巨脈蜻蜓 2. 蜻蛉目 3. 帝王偉蜓 4. 水蠆 5. 彈射式口器
6. 愛心形交配 7. 血淋巴 8.2 到 3 年 9. 蚊子 10.20 種

名詞解釋

GLOSSAIRE

名詞以筆畫排序

大顎：昆蟲用來進食的構造，例如蝗蟲便主要以大顎來咀嚼、切割食物。

分封：部分個體離開原群體（如螞蟻或蜜蜂）另建新群體的行為。

化蛹：指幼蟲變成蛹的過程。

日行性：在白天活動的生物。

水蠆：蜻蛉目昆蟲的發育階段，也就是其稚蟲的俗稱。

凹槽：自然形成的凹口或缺口。

卡爾・馮・林奈：18世紀著名的瑞典博物學家。

幼蟲：發育形式屬於「完全變態」之昆蟲的幼生期，也就是卵孵化後的發育階段。幼蟲在發育為成蟲以前，會經過稱為「蛹」的靜止階段。

成蟲：昆蟲變態的最後階段，為性成熟狀態。

羽化：昆蟲一生中的最後一次蛻皮，此時成蟲突破蛹殼，或從前一齡的表皮中出來。

成蟲盤：昆蟲發育為成蟲時，負責形成成體的細胞囊。

自割：某些動物能夠讓肢體從身上脫離，以逃避掠食者的能力。

血淋巴：昆蟲循環系統內的液體，功能類似血液。

受精：雄性細胞（精子）與雌性細胞（卵子）結合形成受精卵的過程。

夜行性動物：在夜晚活動的動物。

若蟲：發育形式屬於「不完全變態」之陸生昆蟲，幼生期一般稱作「若蟲」。若蟲在發育為成蟲的過程中，並不會經歷「蛹」的階段。

昆蟲學家：專門研究昆蟲的人。

花粉：由植物雄性花藥產生的微小顆粒，用於授粉。

花粉漿：花粉與花蜜組成的混合物，作為蜜蜂幼蟲的食物。

花蜜：植物分泌的甜液。

後代：繁殖所產生的子代。

胚胎：在卵中發育的生物體。

革質：堅硬有韌性，像皮革一樣。

食腐動物：以動物屍體為食的生物。

益蟲：對園藝或農藝有用的昆蟲，能捕食破壞葉片、果實的害蟲，通常用來取代化學農藥。

翅鞘：鞘翅目昆蟲的堅硬翅膀，保護摺疊於下方的後翅。

退化：指某一肢體或器官不再發育且失去功能。

偽裝：模仿棲息環境或其中某種物體（葉子、木頭、石頭）的現象。

寄生：依附於其他生物並從中獲取營養的生物。

客居生物：住在另一種生物巢穴中，並分享其食物的生物。

授粉者：幫助將花粉傳播至植物的雌性生殖器官的生物。

掠食者：以其他較弱生物為食的生物。

球形抱握器：類似關節，能使兩隻昆蟲能從不同方向接合，見於椿象的生殖器官。

產卵管：雌性昆蟲的產卵器，用於將卵安全地放置在土壤、樹洞或其他昆蟲體內。

眼紋：某些昆蟲身上的圓形斑點，其中心與邊緣具有不同的顏色。

魚苗：魚的幼年狀態。

植食性動物：以植物為食的動物。

裂縫：如岩石中的孔洞、凹陷或空隙。

詞源學：研究字詞起源的科學，通常用在已經絕跡的語言，像是拉丁文或古希臘文。

費洛蒙：昆蟲產生的氣味，用以影響同種生物的行為（如吸引異性）。

極端環境：嚴酷、不利生存的環境或狀況。

群體：相同物種的生物，共同生活的群體。

鰓：氣體交換的呼吸器官，可見於魚類及多種水棲性的昆蟲。

蛹：完全變態昆蟲特有的發育階段，例如蝴蝶的蛹期便是處於幼蟲和成蟲之間的過渡階段。

蛻皮：昆蟲的幼蟲或若蟲，每隔一段時間便會蛻去舊表皮，以讓身體能繼續生長。

蛾：多種鱗翅目昆蟲的通稱，其中大部分種類為夜行性。

稚蟲：發育形式屬於「不完全變態」的昆蟲中，幼生期為水生者一般稱作「稚蟲」。

蜂王漿：由蜜蜂「保育工蜂」（3到10天大的工蜂）製造，餵養超過三天的幼蟲會成為蜂后。

蜂鳥：能快速拍動翅膀，並能在空中懸停的小型鳥類。

蜂蜜：蜜蜂用其採集的花蜜或蜜露所製成的非常甜、略具黏稠性的物質。

蜂膠：蜜蜂從樹皮與嫩芽中收集的樹脂，用於維護蜂巢（填補裂縫、修補孔洞）。

蜂蠟：由蜜蜂的蠟腺分泌，製作蜂巢的材料。

鼠婦：陸棲等足目甲殼類動物的通稱，以腐化中的枯枝落葉為食。

精子：雄性生殖細胞，僅能在顯微鏡下觀察到。

精包：雄性昆蟲放置於雌性生殖器口，含有精細胞的囊狀物。

蜜露：由蚜蟲等刺吸式口器的昆蟲所產生的甜味排泄物。

雌雄二型性：同一個物種的雄性和雌性成熟個體外觀具有很明顯的差異。

蝶：多種鱗翅目昆蟲的通稱，牠們幾乎為日行性。

儲精囊：雌蟲儲存精子的器官。

翼展：或稱「展翅寬」，指昆蟲兩對翅展開時的最大寬度。

繭：昆蟲幼蟲吐絲編織成的保護袋，例如許多毛毛蟲會在其中發育完成並羽化為蛾。

變態：特定動物在成長過程中，會經歷明顯的形態變化，這樣的轉變一般稱作「變態」。甲蟲、蝴蝶、蜜蜂的發育形式屬於「完全變態」，幼生期與成體的外貌截然不同。椿象、蝗蟲等昆蟲的發育過程則屬於「不完全變態」，其幼生期往往與成體外貌較接近。

體壁：覆蓋在昆蟲活組織最外層的構造。

參考書目
BIBLIOGRAPHIE

ALBOUY Vincent, RICHARD Denis, Coléoptères d'Europe, Paris, Delachaux et Niestlé, 2017.

BELLMANN Heiko, Abeilles, bourdons, guêpes et fourmis d'Europe, Paris, Delachaux et Niestlé, 2019.

BERGER Monique, Découvrir les abeilles sauvages, Paris, Delachaux et Niestlé, 2022.

BLATRIX Rumsaïs, GALKOWSKI Christophe, LEBAS Claude, WEGNEZ Philippe, Fourmis de France, de Belgique et du Luxembourg, Paris, Delachaux et Niestlé, 2022.

CARTER David J., HARGRAVES Brian, Guide des chenilles d'Europe, Paris, Delachaux et Niestlé, 1988.

DIERL Wolgang, RING Werner, Insectes de France et d'Europe, Paris, Delachaux et Niestlé, 2020.

LASERRE François, Les Insectes en 300 questions/réponses, Paris, Delachaux et Niestlé, 2010.

MOUSSUS Jean-Pierre, LORIN Thibault, COOPER Alan, Guide pratique des papillons de jour, Paris, Delachaux et Niestlé, 2022.

TOLMAN Tom, LEWINGTON Richard, Guide Delachaux des papillons de France, Paris, Delachaux et Niestlé, 2022.

BLANC J.-B., LOISIER A.-C., REDON-SARRAZY C., « Zéro artificialisation nette à l'épreuve des territoires », Rapport d'information n° 584 (2020-2021), 12 mai 2021. senat.fr/rap/r20-584/r20-584-syn.pdf

CETINTAS R., « University of Florida Book of Insect Records, Chapter 34 : Longest Adult Life », Department of Entomology & Nematology, University of Florida, 17 April 1998. entnemdept.ufl.edu/walker/ufbir/chapters/chapter_34.shtml

GAUTIER C., « À propos de Stethoconus cyrtopeltis Flor. [Hem. Capsidae] ennemi de Tingis pyri [Hem. Tingitidae] », Bulletin de la Société entomologique de France, volume 32 (2), 1927. p. 26-27. doi.org/10.3406/bsef.1927.27767

GILLES B., « Éclosion d'un papillon gynandromorphe (mâle/femelle) », Passion Entomologie, 12 janvier 2015. passion-entomologie.fr/papillon-gynandromorphe

GILLES B., « Une vitesse qui aveugle », Passion Entomologie, 26 octobre 2015. passion-entomologie.fr/une-vitesse-qui-aveugle

HU G., STEFANESCU C., OLIVER T. H., ROY D. B., BRERETON T., SWAAY C. Van, REYNOLDS D. R. et CHAPMAN J. W., « Facteurs environnementaux des fluctuations démographiques annuelles chez un insecte migrant transsaharien » Actes de l'Académie nationale des sciences. reading.ac.uk/news/2021/research-news/pr857585

KERN J., « Ce papillon réalise la plus grande migration connue par un insecte », FUTURA, 22 juin 2021. futura-sciences.com/planete/actualites/papillon-ce-papillon-realise-plus-longue-migration-connue-insecte-88176

KOKABI A.-R., « La France compte 1 000 espèces d'abeilles indispensables à la pollinisation », Le Monde, 14 juin 2018. lemonde.fr/planete/article/2018/06/14/la-france-compte-1-000-especes-d-abeilles-indispensables-a-la-pollinisation_5314847_3244.html

Larousse agricole 1921 - Les insectes agricoles d'époque
insectes.xyz/1921agri-f.htm

Faune de France - Fédération française des sociétés de sciences naturelles
faunedefrance.org

INPN - Inventaire national du patrimoine naturel
inpn.mnhn.fr/accueil/index

Les carnets de Jessica
jessica-joachim.com

Les pages entomologiques d'André Lequet
insectes-net.fr

OPIE - Office pour les insectes et leur environnement
insectes.org

Passion Entomologie
passion-entomologie.fr

Zoom Nature
zoom-nature.fr

作者致謝

REMERCIEMENTS

我想要特別感謝下列人士：
Je voulais remercier tout particulièrement :

Michel Larrieu，他是 Delachaux et Niestlé 出版社的總編輯，感謝他對我的作品所具備的敏銳度以及給予我的信任。
Michel Larrieu, directeur éditorial chez Delachaux et Niestlé, pour sa sensibilité à mon travail et la confiance qu'il a su m'accorder ;

還有 Delachaux et Niestlé 出版社的編輯 Jeanne Cochin，感謝她從這個計畫的展開到完成給予我一路善意的陪伴。
Jeanne Cochin, éditrice chez Delachaux et Niestlé qui a su m'accompagner avec bienveillance dans le développement et l'aboutissement de ce projet ;

感謝平面設計師 Léa Larrieu，她把我的圖與文組織得比我想像的還要更美好。
Léa Larrieu, conceptrice graphique, pour avoir organisé mes dessins et mes textes mieux que je ne l'aie imaginé ;

感謝安德烈・勒凱（André LEQUET）為本書撰寫的精彩推薦序，還有我們之間珍貴的交流。
André Lequet, pour sa magnifique préface et nos précieux échanges ;

感謝 Jackie Fourmiès、Josette Georges 與 Sybille Le Carrer，謝謝他們的隨時提供的援助，還有他們的校對與建議。
Jackie Fourmiès, Josette Georges et Sybille Le Carrer, pour leur disponibilité, leurs relectures et conseils ;

還要感謝我的妻子 Mathilde 無時無刻的支持。
et mon épouse, Mathilde, soutien de tous les instants.

編輯部則要衷心感謝法國昆蟲及其環境辦公室（Opie）的野生授粉者計畫負責人 Serge Gadoum，謝謝他的熱情校對。
L'éditeur remercie chaleureusement Serge Gadoum, chargé de projet Pollinisateurs sauvages à l'Office pour les insectes et leur environnement (Opie), pour son aimable relecture.